家庭教育书架

好习惯是
成功的资本

赵 园 编著

家长决定孩子习惯
习惯决定孩子命运

成都时代出版社
CHENGDU TIMES PRESS

图书在版编目（CIP）数据

好习惯是成功的资本 / 赵园编著 . —— 成都：成都
时代出版社，2014.3
ISBN 978-7-5464-1123-1

Ⅰ . ①好… Ⅱ . ①赵… Ⅲ . ①青少年 – 习惯性 – 能力
培养 Ⅳ . ① B842.6

中国版本图书馆 CIP 数据核字 (2014) 第 039579 号

好习惯是成功的资本
HAOXIGUAN SHI CHENGGONG DE ZIBEN

赵　园　编著

出 品 人　段后雷
责任编辑　陈德玉
责任校对　李　航
装帧设计　欧阳永华
责任印制　干燕飞

出版发行　成都时代出版社
电　　话　（028）86621237（编辑部）
　　　　　（028）86615250（发行部）
网　　址　www.chengdusd.com
印　　刷　北京龙跃印务有限公司
规　　格　710mm×1000mm　1/16
印　　张　13
字　　数　220 千
版　　次　2014 年 3 月第 1 版
印　　次　2014 年 3 月第 1 次印刷
书　　号　ISBN 978-7-5464-1123-1
定　　价　26.00 元

前　言

习惯，是人们在长期生活中逐步养成的一种相对稳定的思维和行为的倾向，一种稳固的思维和行为定式。习惯一旦形成，就会在人的头脑中形成一种自动化的程序，进入到人的潜意识里，使人难以察觉，却处处受其影响，习惯成自然。

教育家叶圣陶曾经说过："积千累万，不如养个好习惯。"可见习惯是何等重要。孩子一旦形成不良生活习惯，在学习、生活中，甚至在今后的人生道路上，都很难让他人接受，从而处理不好人际关系。儿童良好的学习习惯更是重要，成绩好的学生和成绩差的学生最大的差别，就是他们学习习惯的差别。一个人良好的学习习惯，会让其受益终身；而不良的学习习惯，会使一个孩子一直都碌碌无为。习惯是一种顽强的力量，它可以主宰人的一生，它可以决定一个人的命运。不好的习惯就像缠在身上的铁链，它无形地限制着孩子的行为，阻碍孩子突破自己，走向成功。因此，培养儿童良好习惯是非常重要的。

人是被习惯塑造出来的。一个人的个性，实际上就是自身习惯的总和。最初是人们塑造了自己的习惯，然后习惯就像获得了独立的生命一样，反客为主，反过来又塑造了人本身。所以，作为人自身生命的一部分，习惯具有强大的力量，尤其是那些良好的习惯，能够为人生注入强劲的动力，使生命更精彩。

好的习惯，具有强大的塑造力。习惯就像汩汩涌动的流水，在不知不觉中塑造着一个人的性格，进而决定着他的命运。好习惯，近乎于美德，而"德不孤，必有邻"。一个好的习惯能够衍生出更多的好习惯，从而使人性变得更加美好。一个人习惯了诚实，就会待人以诚恳，待人以宽容，待人以豁达大度，就会获得同样的诚挚和宽容，使人生变得更加美好。

好的习惯，具有巨大的推动力。滴水能够穿石，积土能够成山，跬步能致千里，这都是依靠点点滴滴的积累，而积累乃是一种习惯的力量，能够推动一个人完成先前所不曾预料的事情。"只要功夫深，铁杵磨成针"，"绳锯木断，水滴石穿"，仍然是习惯使然。习惯具有巨大的推动力，就像钉子能够把坚硬的木料穿透。生命中充满了积极进取的力量，从而推动他向着更高的目标迈进。

好的习惯，蕴含着一股强大的能量。春天的灿烂只在一瞬间，但是却须历经漫长的严冬。台上一分钟，台下十年功。当习惯的力量潜滋暗长，最终以排山倒海般的方式显现出来，没有任何偶然的成功能与之匹敌。这漫长的蓄积，这种在长期的寂寞中坚忍和执守的力量，就是习惯的力量，没有任何力量能够阻挡生命的绽放。只要坚持不懈，就能够超越自己，同时也能够超越前人，最终成就大业。

行为决定习惯，习惯决定性格，性格决定命运。孩子的习惯就像是走路，如果人们选择了一条道路，就会一直沿着这条路走下去。因此，从小培养孩子良好的习惯将影响孩子的一生。

目　录 CONTENTS

第一章
良好的习惯将影响孩子一生

一、好习惯决定孩子好未来

二、坏习惯阻碍孩子的发展

三、好习惯就是给孩子寻找出路

四、日常生活中培养孩子好习惯

五、好习惯要从小开始培养

六、习惯的培养应该给孩子恰当的教导和表扬

七、要把握时机，掌握分寸来培养孩子的好习惯

八、强化孩子的好习惯

九、在孩子快乐的心情中培养习惯

十、专心致志培养孩子好习惯

十一、家庭教育是孩子好习惯培养的第一环境

十二、培养孩子的自制习惯

十三、告诉孩子，勤奋很重要

十四、给孩子灌输时间观念

十五、培养孩子心胸开阔的习惯

十六、让孩子养成"马上去做"的好习惯

一、好习惯决定孩子好未来

孩子的习惯就像是走路，如果人们选择了一条路，就会一直沿着这条路走下去。因此，从小培养孩子养成良好的习惯，将影响孩子的一生。惯性的力量会使孩子不自觉地强化自己的选择，并让他不会轻易地走出自己选择的道路。这种现象就称为"路径依赖"。

这种现象有点类似于物理学中的"惯性"，日常生活中普遍存在着这种自我强化的机制。一旦人们选择走上某一种路径，就会在以后的发展中进行不断的自我强化。关于"路径依赖"的一个广为流传的例证就是现代铁路两条铁轨之间的标准距离是怎样确定的。

这要从古罗马说起。古罗马时代，牵引一辆战车的两匹马的屁股的宽度恰好是 1.435 米，因此，罗马人以 1.435 米为战车的轮距宽度。

当时的整个欧洲，包括英国的长途老路都是罗马人为他们的军队所铺设的，因此，1.435 米成了英国马路的宽度。任何其他轮宽的车子在这些路上行驶的话，轮子寿命都不会很长。所以，如果马车用其他轮距，它的轮子会很快在英国的老路上被撞坏。

最先造电车的人以前是造马车的，所以电车的标准是沿用马车的轮距标准。而早期的铁路是由造电车的人所设计的，因此，1.435 米成了现代铁路两条铁轨之间的标准距离。

更为奇妙的是，这个习惯影响到美国太空梭燃料箱两旁的两个火箭推进器的宽度。这是因为这些推进器造好之后要用火车运送，路上又要通过一些隧道，而这些隧道的宽度只比火车轨道宽一点，因此，火箭助推器的宽度是由铁轨的宽度所决定的。

所以，"路径依赖"导致两千年前两匹马屁股的宽度，决定美国太空梭火箭助推器宽度的现象产生。

在某种程度上，人们的一切选择都会受到"路径依赖"的影响，人们过去做出的选择决定了他们现在可能的选择。因此，"路径依赖"理论被总结出来之后，就被人们广泛应用在选择和习惯的各个方面，包括妈妈该如何培养孩子的习惯。

对于孩子的未来，同样需要做好路径选择。妈妈应该培养孩子正确的路径选择观点，让他们从小就懂得取舍，追求生活的真正意义。

同时，由于家庭是一个人一生中的第一所学校，妈妈则是子女的启蒙老师，因此，妈妈往往成为子女效仿的模板。妈妈的言行举止和教育方法，对子女的成长有着重大影响，妈妈的性格特点、处事风格，甚至包括夫妻间的相处模式，对子女的性格塑造都有潜移默化的作用。

人的所谓情商中的绝大部分都是后天培养成的。在每个孩子成长的过程中，都会遇到对他产生最重要影响的人，并且这个人长时间与其发生密切互动关系，这样，这个人的各种行为特征就会成为未成年人效仿的模板，他会有意识或无意识地效仿、习得此人的行为方式和思维模式。而在现实生活中，总是妈妈处在这种与子女密切的互动关系之中，所以，妈妈往往是对子女产生最重要影响的人，成为塑造子女的模板。所以，子女会依赖妈妈的思维和行动特点，形成自己的性格、气质。

所以妈妈一定要为孩子的未来选择好路径，同时自己也要为子女树立一个好的榜样。

二、坏习惯阻碍孩子的发展

　　不好的习惯就像缠在身上的铁链，它无形地限制着孩子的行为，阻碍孩子突破自己，走向成功。

　　在印度或泰国随处可见这样的情景：一根小小的柱子，一截细细的链子，拴得住一头千斤重的大象。人们也发现：牵一头大象，用一条细绳就可以了；而牵一头小象，却要用粗绳。

　　这是因为那些驯象人在大象还是小象的时候，就用一条铁链将它绑在水泥柱或钢柱上，无论小象怎么挣扎都无法挣脱。小象渐渐习惯了不挣扎，直到它长成可以轻而易举地挣脱链子的大象，它也不挣扎，细小的绳子就可以使它听话。而小象则不同，它没有形成被约束的惯性思维，尽管力量小，却比成年大象更危险。

　　大象已被约束惯了，它没有想过自己的力量足以挣脱绳子的控制。约束大象的不是那截细细短短的木桩，而是它用奴性建造的牢狱，用惯性打造的枷锁。所以说，小象是被链子绑住的，而大象则是被习惯绑住的。

　　孩子时时刻刻都在无意识中培养习惯，这是人的天性。因此，妈妈应该时刻注意，孩子们平时正在培养哪些习惯。当孩子出现不好甚至怪异的行为时，当然要受到惩罚，但不是体罚。以下有几个方法，妈妈可以帮助孩子改正不好的习惯。

　　1. 通过故事、儿歌、童话等文艺作品使孩子意识到自己的不良习惯。孩子缺乏判断是非的能力，如果爸爸妈妈一味要求他改正不良习惯而不讲清为什么要改正，孩子会出现逆反心理，使不良习惯得到强化。因此，成人发现孩子的不良习惯后，不要急于求成，可以有针对性地讲一些故事、童话使孩子认识到自己的不良习惯。比如，孩子喜欢挖鼻孔，成人可以讲"猪八戒的鼻孔是怎样来的"，让孩子通过这个夸张的故事，明白挖鼻孔所带来的危害，从而激发他改正的愿望。

2. 身教重于言教。有些孩子的不良行为习惯是在成人的影响下，潜移默化形成的，如往阳台下扔东西，起床后不叠被，饭前不洗手等。当成人要求孩子改正时，孩子往往以成人也是这样为理由。这时，成人应该检点、反省自己的错误行为，并及时改正，使自己在孩子心目中树立良好形象。

3. 适当增加刺激，及时转移孩子的注意力。孩子的不良习惯往往是无意识的行为，所以爸爸妈妈常发现孩子"屡教不改"。这时，爸爸妈妈可以根据孩子好问、好动的特点，及时转移孩子的注意力。如出现孩子吮手指时，爸爸妈妈可以让孩子帮助做一些力所能及的事，或引导孩子观察某一种物体，或参加某一游戏活动，及时转移孩子的注意力，使孩子在不知不觉中改正不良习惯。

在生活中，爸爸妈妈要做有心人，可以尝试着在家中的床头、电视机、饭桌等明显的地方贴些简单明了、富有情趣的图画，使孩子时时得到提醒。

4. 及时表扬，增加孩子的自信心。爸爸妈妈在纠正孩子不良习惯的过程中，要发现孩子的点滴进步，及时进行表扬，使孩子在愉快的心境中增强改正不良习惯的信心。这样，孩子就比较容易改掉不良习惯。

坏习惯会通过不断重复，由细线变成粗线，再变成绳索，最后又变成链子，直到成了难以改变的习惯与个性，这时，妈妈再想改变小孩的习惯就需要付出加倍的努力了。

所以，习惯有时是很可怕的东西，孩子 95％ 的行为是通过习惯做出来的，所以，妈妈一定要时刻关注孩子的习惯与行为，以免造成不良的影响。

三、好习惯就是给孩子寻找出路

成功教育从养成好习惯开始。教育的核心不只是传授知识，而是学会做人，养成好习惯。习惯是一个人存放在神经系统的资本，一个人养成好的习惯，一辈子都用不完它的利息，养成一种坏习惯，一辈子都偿还不清它的债务。

哈佛大学教授皮鲁克斯说："好的习惯是绝大多数人迈动双脚的动力，它对成功的影响力不可小觑。对于孩子来说，一定要及早养成更多的好习惯，驱除坏习惯的侵扰。"

1998 年 5 月，华盛顿大学请来世界巨富沃伦·巴菲特和比尔·盖茨演讲。学生们问道："你们怎么变得比上帝还富有？"巴菲特说："这个问题非常简单，原因不在智商。为什么聪明人会做一些阻碍自己发挥全部功效的事情呢？原因在于习惯。"盖茨表示赞同。是好的习惯造就两人辉煌的人生，缔造了财富的王国。

研究证明，一个人的日常活动，其中 90% 是通过不断地重复某个动作，使之在潜意识中转化为程序化的惯性，也就是不用思考，自动运作。这种自动运作的力量，即习惯的力量。对孩子而言，习惯的力量对他们产生的影响更大。著名的"铁娘子"、英国前首相撒切尔夫人在谈及习惯与生活细节时说："有时事务太忙，我也可能感到吃不消，但生活的秘诀实际上在于把 90% 的生活细节变成习惯，这样你就可以习惯成自然了。毕竟你想都不用想就去刷牙，这就是好习惯。"

著名教育家马卡连柯曾经说过：教育孩子，首先要对孩子提出尽可能高的要求，对孩子要尽可能表现出发自内心的尊重。孩子智力开发与艺术素质从小培养固然重要，但生活习惯的教养也绝不能忽视，且教育必须从生活细节开始。

实际上，教育就是由一个个细节组成的，而细节串联起来就成了习惯。儿童教育最重要的就是培养好习惯，幼儿时期是养成生活习惯的最佳时期，小学阶段可能是养成品德习惯的最佳阶段，中学时期可能是养成学习习惯的最佳时期。但是，容易的并非可以自然形成，困难的未必就不能做到，最佳的也仅仅是一种可能。所以准确地说，人的一生都是不断养成好习惯和改正坏习惯的过程。

对妈妈而言，她们的第一责任是教育孩子。而教育孩子的第一位就是培养孩子的好习惯。教育孩子，先从做一个好妈妈开始。做好妈妈，应该从身边的小事做起，以身作则。在学习、读书习惯方面，妈妈也要和孩子一起养成。如共读一本书，可以教孩子看，可以讲成故事给孩子听，还可以让孩子"教"你看，讲成故事给你听。看一本好书，可让孩子获得成长的快乐。

科学家曾发现，一个好习惯的养成仅需要 21 天的时间，一旦孩子养成某个习惯，就意味着他将终身享用它带来的好处。正如奥格·曼狄诺所说："事实上，成功与失败的最大分界，来自不同的习惯。好习惯是开启成功的钥匙，坏习惯则是一扇向失败敞开的门。"注重习惯的力量，从小培养孩子良好的习惯吧！这对孩子的一生都有重要影响。

"习惯真是一种顽强而巨大的力量，它可以主宰人生！"对于孩子来说，要成就学业、事业，要拥有美好的人生，必须养成一种好的习惯。孩子的未来，其实就掌握在妈妈手中。如果你希望教育好孩子，那就先从做一个好妈妈开始。如果你渴望去做好妈妈，那就先从培养孩子好习惯开始。

孩子的好习惯不是一朝一夕就能形成，而是长期的培养过程。当孩子从生活细节中获得了良好的习惯，会给他今后的学习、生活、工作奠定扎实的基础，还会帮助他树立自信，所以，长期培养孩子的好习惯，即是在寻找成功的方法。

四、日常生活中培养孩子好习惯

拿破仑·希尔说过："习惯能成就一个人，也能够摧毁一个人。"好习惯是成功的基石，它于经年累月中，影响着我们的品德，塑造着我们的思维方法和行为方式，并且左右着我们的成败。所以说，培养孩子良好的习惯是十分重要的。

一个好的习惯也可以产生巨大的力量，如果你反复地重复着一件有益的事情，渐渐地，你就会喜欢去做，这样一来，所有的困难都显得微不足道了。习惯的力量是巨大的，它可以冲破困难的阻挠，帮助你走上成功的道路。

培养孩子良好的习惯最有效的方法就是透过日常的教育来实现。

北京有个孩子，特别喜欢吃橘子。他妈妈买橘子，总是以 3 的倍数买，如 15 个、21 个，吃橘子时，就由孩子来分，一人一个。有一回，橘子只剩下 5 个了，他把橘子拿在手里，没像往常一样送过来，而是用眼睛看着爸爸妈妈，意思就是说，就剩 5 个了，你们俩还吃呀？

妈妈给爸爸使个眼色：吃。结果爸爸妈妈一边剥橘子，儿子一边流眼泪。他妈妈事后说："天呀！我把这个橘子吃下去，一点味儿也没吃出来。但要让孩子心里有别人，有好吃的大家一块分享，要让他从小就有份额意识和与别人分享的习惯，我必须那样做。"

孩子长大后考上了北京大学，亲戚朋友很高兴，这个给 50 块钱祝贺，那个给 100 块，一共给了 500 块钱。过春节时，妈妈惊讶地发现，他把 500 块钱装了一个红包给奶奶，这让她有一股欣悦之情。

这个大小伙为什么变得这么有孝心，一般孩子看见老人给的压岁钱不多还不高兴，哪有把自己的压岁钱给老人的？这就是从小培养起来的习惯。

要孩子形成一个好的习惯，妈妈就要先有一个好心态，不要期望着今天告诉孩子应该怎么做，明天孩子就能如你所愿表现出你所期望的行为。妈妈要明白"欲速则不达"的道理，要有充分的耐心，加上科学的方法，才能帮孩子养成良好的习惯。

有一个培养习惯的方法叫作"21 天习惯养成法"。行为心理学研究表明：21 天以上的重复会形成习惯；90 天的重复会形成稳定的习惯。即同一个动作，重复 21 天就会变成习惯性的动作；同样道理，任何一个想法，重复 21 天，或者重复验证 21 次，就会变成习惯性想法。所以，一个观念如果被别人或者自己验证了 21 次以上，它一定已经变成了你的信念，这正是人们常说的"21 天习惯养成法"。

"21 天习惯养成法"把习惯的形成大致分成三个阶段。

第一阶段：1 ~ 7 天左右。此阶段的特征是"刻意，不自然"。你需要十分刻意提醒自己改变，而你也会觉得有些不自然，不舒服。

第二阶段：7 ~ 21 天左右。不要放弃第一阶段的努力，继续重复，跨入第二阶段。此阶段的特征是"刻意，自然"。你已经觉得比较自然，比较舒服了，但是一不留意，你还会回复到从前。因此，你还需要刻意提醒自己改变。

第三阶段：21 ~ 90 天左右。此阶段的特征是"不经意，自然"，其实这就是习惯。这一阶段被称为"习惯性的稳定期"。一旦跨入此阶段，一个人已经完成了自我改造，这项习惯就已经成为他生命中的一个有机组成部分，它会自然而然地不停地为人们"效劳"。

中国青少年研究中心副主任、著名青少年研究专家孙云晓研究发现，培养良好习惯一般需要6个步骤：认识习惯的重要、制定行为规范、榜样教育、持之以恒的训练、及时评估引导、养成良好的集体风气，其中，最重要的一步就是：持之以恒的训练。可见，好习惯都是训练出来的。

妈妈不妨采取"21天习惯养成法"，对孩子加以训练，循序渐进，培养孩子的好习惯。举例来说，如果孩子在学校比较胆小、不爱积极回答老师的问题，妈妈可以给孩子进行阶段性的训练，帮助孩子进行完善。

第一阶段：由爸爸充当老师，孩子和妈妈当"学生"，回答"老师"提出的问题，孩子每次主动举手发言1次，可以奖励1分，到20分的时候，可以得到爸爸妈妈给的一份奖励。

第二阶段：请几个孩子的同学来家里，由妈妈来当"老师"，几个孩子一起上课，回答"老师"提出的问题。

第三阶段：把"老师"换成家里的其他亲戚或者朋友，给孩子和爸爸妈妈一起上课，回答"老师"的问题。

当孩子当着同学和其他人的面也敢于主动举手回答问题时，他也就在不知不觉中改掉了上课不敢回答问题的习惯了。

训练的方法还有很多，要因人而异，因材施教，要根据孩子的不同年龄、不同性格气质采取不同的训练方法，这样才能事半功倍，达到理想效果。

五、好习惯要从小开始培养

史密斯夫妇有3个可爱的孩子，3个孩子乖巧伶俐，学习课业很是主动，史密斯夫妇因此深得邻居羡慕。

其实，孩子们良好的学习习惯是在史密斯夫妇的用心教育下逐渐养成的。史密斯夫妇很注意培养孩子的良好习惯。大儿子还很小的时候，史密斯夫妇就经常和儿子围坐在一张桌子上，教孩子画画和识字，养成一起愉快游戏并学习的习惯。

在他们有了第二个孩子以后，一起学习的好习惯仍然保持着，哥哥读书时，弟弟就在旁边学画画，爸爸妈妈一有空就围在桌边跟他们一起学习。

当又一个小妹妹出生并渐渐长大后，也跟着哥哥们开始自觉地学习。

看到哥哥每天独自一人学习，弟弟妹妹们也有样学样。没过多久，老二也自己找了一张专用的桌子，每天主动地学习。之后，最小的妹妹也在两个哥哥的榜样作用下，找了一张自己的桌子，开始独自学习起来。

年幼时养成的这些生活习惯，都是很"顽固"的。妈妈如果能像史密斯夫妇一样，静下心来，多花费些时间和精力，和孩子们一起围坐在桌前娱乐一番，不久就会养成孩子平心静气学习的自觉性。

任何一种习惯的培养都不是轻而易举的，都要遵循循序渐进、由浅入深、由近及远、由渐变到突变的原则。

因此，妈妈要明白，习惯要从小开始培养。在孩子幼儿期，帮助他们形成良好的基本生活习惯，这一点对妈妈和孩子同样重要。否则等孩子到了自我意识渐渐形成的年龄，妈妈过多的指令就会比较容易遭到孩子的反抗。

重视孩子良好习惯的养成、培养他们健康的性格是重视生命、以人为本的一个具体体现，从小注意孩子良好习惯的养成，是妈妈的一种责任。但是，好习惯的养成并不是一件容易的事，它需要妈妈和孩子双方面的努力。

首先，妈妈必要时要强制和约束自己的孩子。好习惯不是与生俱来的，很多时候都是靠我们"强制"出来。

其次，好习惯的养成要靠孩子自己的努力和决心。除了制度的约束、教育的陶冶外，孩子需要依靠自己的决心和勇气，而决心和勇气的来源就要归结于家庭文化，即一个好的家庭环境。

最后，文化是一种更为强大的自然整合力，超越了制度的强制力、习惯的恋旧性，它强大得无须再强调或者强制。它不知不觉地影响着每个人的心理和精神，最终成为一种自觉的群体意识。

试想一下，在一个积极向上的文化环境中，孩子怎么可能总是睡懒觉？在一个团结合作的文化环境中，孩子怎么可能自以为是、目中无人？在一个开拓创新的文化环境中，孩子怎么会唯唯诺诺、人云亦云呢？

良好的习惯和健康的个性之间有着十分亲密的关系，正如印度谚语所说："播种行为，收获习惯；播种习惯，收获性格；播种性格，收获命运。"为了孩子的未来，妈妈应该更加关注，和孩子一起为孩子养成良好的习惯而奋斗。

六、习惯的培养应该给孩子恰当的教导和表扬

妈妈关注、奖赏孩子的恰当行为是增加孩子正向行为、减少负向行为的有效手段。这比只关注孩子的错误行为要好得多，并会增加孩子的竞争意识、自信和自尊，激发孩子积极向上的意愿。关注孩子的正向行为，并给予恰当的教导和表扬，你会发现孩子正在朝着你希望的方向发展。

李伟的妈妈最近因为儿子的坏毛病头疼不已。不知道从什么时候开始，李伟经常忘记把牙刷放到漱口杯里，每次刷完牙，他总是顺手就放在洗手台边，既不卫生，也不整齐。

而且，最令她气愤的是，每次当她指出李伟的错误时，李伟总是一副满不在乎的样子，一边继续自己的错误，一边心不在焉地回答："知道了。"

第二天，李伟刷完牙后，正要顺手把牙刷往旁边搁，突然想起了妈妈的话，于是他认真地把牙刷放到杯子里去，并且还特意摆了摆位置。

不巧的是，妈妈根本没注意到今天这个小小的细节，她把儿子做对摆牙刷的事看作一件很正常的事情。妈妈这样的表现令李伟感到很失望，很没有成就感。以后，李伟再也没有主动把牙刷放在杯子里。

　　李伟妈妈的失误在于没有对李伟主动把牙刷放到杯子里的行为进行表扬和给予重视，所以打击了李伟这样做的热情与积极性。

　　妈妈应该懂得去发现孩子的正确行为，而且予以重视和嘉奖，不要在孩子表现良好的时候漠然处之。表扬孩子的正确行为比责备他们不正确的行为更有效。妈妈要知道，孩子的每一个好的行动都应受到鼓励，哪怕他做得不是很完美。

　　在美国一家州立医院，青少年病房是有等级之分的。一级最低，往上依次是二级、三级、四级。等级越高，享有的特权就越多，例如第三等级的患者有更多的自由，他们可以回家过周末、有较多的自由活动时间、可以在患者商店购物或打工。而当他们升入四级以后，他们就可以出院了。

　　这家医院的患者基本都是十几岁的少年，当他们刚进入病房时，通常被编入一级，如果表现良好，就会升入二级、三级。但是新上任的院长发现，有很长的一段时间里，大多数患者都在一、二等级，只有少数几个孩子在三、四等级。他一直不明白这是为什么，直到他参加了几次每周的例会。

　　他发现，在每周的例行大会上，医务人员只是花大量时间指出孩子们的不当行为，而那些遵守规定、行为得当的孩子则只简单地得到一句"保持你的好成绩"便打发了事。于是有些没有得到表扬的行为得当的孩子，只是按照原来的方式行事，当然不可能再往上升了。

　　于是这位新的院长改变了大会的内容，在例会上讨论前一天每一个人的进步。这些十几岁的孩子都被集中在一个房间里，院长用相当长的时间来表扬那些遵守纪律、与医务人员合作的好行为。此后两周不到的时候，60％的孩子都升到了三、四级。

　　这家医院的成功，仅仅是改变了关注重点，从关注负向行为转为关注正向行为。

　　当孩子意识到自己存在的问题，下决心改正时，妈妈一定要表示赞赏，给予鼓励，进行强化。不要用过于严苛的态度来应对孩子的错误，更不要讽刺他，同时对孩子改正错误的行为也绝不要失去信心，需要对他们多点耐心和宽容。

七、要把握时机，
掌握分寸来培养孩子的好习惯

当孩子做错了事情时，而且事先有声明他要对自己的行为负责，那么妈妈绝对不可以姑息迁就，否则，言行不一致的妈妈无法在孩子面前建立威信，孩子也无法养成好的习惯。

同时，如果孩子的行为值得表扬，妈妈绝对不要吝啬，也许只需要你说句话而已，但对孩子来说，那将是他们继续前进的动力。

克鲁兹夫妇想要好好庆祝他们的结婚10周年纪念日，打算单独外出就餐。当他们正准备出门的时候，5岁的孩子开始为自己被留在家里哭哭啼啼。为了让孩子停止啼哭，克鲁兹先生就给了他一包口香糖。不幸的是，克鲁兹先生的举动恰恰没能让孩子安静，却奖励了他的眼泪。当下一次他和克鲁兹夫人再要外出时，孩子变得更加喜欢哭泣了。

克鲁兹夫妇行为的失败在于，当孩子哭的时候，给他一包口香糖，既不算是表扬他的行为，也不算是给他受责骂的补偿。而如果克鲁兹先生在孩子还没有开始落泪时就给他一包口香糖，鼓励他与妈妈合作，结果就会大不相同了。

对好行为、好习惯进行奖赏；对错误的行为、坏习惯进行惩罚，让它消失是培养孩子好习惯的核心。只有对孩子的行为真正做到赏罚分明，才能帮助他们养成良好的习惯。

达芙夫人有一个聪明可爱的女儿，为了培养女儿良好的习惯、杜绝不良习惯对女儿的影响，达芙夫人在女儿很小的时候就开始使用一种"仙女"法则。"仙女"法则是达芙夫人经常告诉女儿："有一个美丽、公正的仙女每天都会在全国各地的上空飞呀飞，看到表现不错或者做了好事的小孩，就会趁这个小孩晚上睡觉的时候，在他枕头上放上好吃的点心；如果他做了坏事或者有了坏的习惯，第二天早上起来就不会得到任何东西。"

女儿在"仙女"的关注和鼓励下，努力在做一个好孩子，每天睡觉前都要把衣服折叠好，游戏结束后也把玩具收好，这样，第二天早上醒来，就会看到"仙女"送来的点心。但女儿也有做错事的时候，有一次，女儿把玩具娃娃扔在草坪上，就赶着回家吃饭了。

结果，家里的小狗把娃娃咬破了，女儿哭着来找达芙夫人，但达芙夫人说："娃娃破了是因为你把它扔在草坪上。如果我把你放到野外，被老虎和狮子吃掉的话，我会多悲痛啊！唉，它真是太可怜了！"但是，绝对不说给女儿再买一个新的。

女儿渐渐长大，达芙夫人谨记自己的行为要保持一致，并且奖惩分明，不随意使用自己的权力，力求为女儿做一个好的榜样，培养女儿良好的生活习惯。

常常听到妈妈这样教育孩子："别哭了，宝贝，妈妈给你买好吃的！""别乱泼水，要是你听话，我给你买巧克力。"也许当时很有效，孩子马上不哭不闹了，但是，事实上，这是妈妈在用"奖励"的方式来换取孩子停止不良的行为。

短暂的安宁后，孩子可能会形成不良行为可以换来"奖励"的观点，到时就为时已晚了。

在奖励时，要抓住时机，掌握分寸，不断开导；在惩罚时，用语要得体、适度、就事论事，使孩子明白为什么要受罚和怎样改过。

奖励和惩罚是对孩子行为的外部强化或弱化的手段，它将通过影响孩子的自身评价，对孩子的心理产生重大影响。

八、强化孩子的好习惯

　　科学家们曾做过这样一个有趣实验：有一类梭子鱼特别爱吃鲤科小鱼。如果把这些梭子鱼和它的小猎物们一起放到水槽里，水槽里很快就只剩下梭子鱼了。然而，当科学家们在水槽里放进一块玻璃板，把梭子鱼和鲤科小鱼隔开，有趣的事情发生了：梭子鱼看不见玻璃，每次当它追逐自己美餐的时候，都会结结实实地撞到玻璃板上。开始时，梭子鱼会一次又一次游向玻璃，撞得头昏脑涨。后来，梭子鱼懂得了这些小鱼是可望而不可即的，于是，它改变了自己的行为。这时，再把玻璃板从水槽里拿走，结果却变成：这些鲤科小鱼居然可以十分安全地绕着它们的天敌游来游去。梭子鱼再也不想去吃掉它们，因为它"学习到"这些小鱼是吃不到的。令人吃惊的是，最后，这些大型的梭子鱼竟然饿死了，而它所喜爱的食物还时不时地游过它的嘴边。

　　这就是心理学上著名的"强化／消失定律"。梭子鱼的猎食行为没有得到强化，因此它慢慢地消失了，这同时证明了人或动物的本能，如果没有得到强化，最后也会消失。强化／消失定律是孩子和动物学习新行为的一种心理机制。

　　对于成长期的孩子来说，日常生活中的好习惯和坏习惯都同时存在，如何鼓励孩子保持好习惯，矫正不良习惯，一直是困扰妈妈的一个难题。如果适当地运用"强化／消失定律"，事情就会变得容易多了。比如，妈妈如果在处理孩子的事情上奖惩分明，关注孩子正确的行为，使之强化，责备孩子的坏习惯，使之消失，孩子好习惯的培养一定会变得更为容易。

　　王彭从小脾气不太好，很容易生气，而且一旦不高兴就会乱砸东西，在地上打滚。

　　有一次一家人带着王彭到朋友家玩，就因为一辆玩具火车发生了状况：汤玛斯是大宝最喜欢的一辆火车了，王彭拿着汤玛斯，大宝想拿回来。王彭的父亲见状就让他把汤玛斯还给大宝，他可以玩其他车。王彭一下子爆发了，哭着把火车砸到墙上，王彭的外婆去劝他，他又把其他车捡起来砸向外婆。

那个朋友家的孩子大宝见状有点吃惊，估计他从来没有想过可以这样来出气。朋友赶紧把大宝抱出这个房间（怕他学坏），然后，对其他人说："我们来冷处理。大家都不要去理他。"于是他们都在客厅讲话吃东西，让王彭自己待在那个房间里。这个孩子东西是不砸了，但是躺在地上哭，然后越哭声越小，慢慢听不见了。他妈妈看他差不多平静下来了，就进去和他讲道理。最后让他说"对不起"的时候，他也说了。

以后每当出现这种情况，王彭的爸爸妈妈就进行冷处理。几次之后，这个孩子乱发脾气的行为因为没有得到强化而逐渐消失了。

需要注意的是，不管是对脾气急躁的孩子，还是对性格安静的孩子，"强化／消失定律"都不会一次奏效，妈妈要学会坚持，不因孩子哭闹而心软，不和孩子讨价还价，最终孩子的不良行为得不到强化，自然就会慢慢消失了。

此外，孩子也会本能地使用"强化／消失定律"。有时候，他们会本能地通过强化某些行为或是消除另外一些行为来训练他们的妈妈，而不是他们的妈妈训练孩子。比如，当一位母亲教训她女儿时，年仅 5 岁的女儿会说："妈妈不再爱我了。"

大部分的孩子都知道他们的妈妈渴望表达爱，因此，他们利用了这个微妙的问题来消除妈妈的惩罚行为。这样做的孩子通常能够取得成功。

当妈妈带着孩子去到一些令人激励的地方比如迪士尼乐园时，小孩子常常会表现出令妈妈非常满意的行为：他们很乖、很配合，也很好商量。这是孩子的一种不自觉的企图，其目的正在于强化或奖励妈妈的行为。所以，作为妈妈，一定要意识到自己的不当行为可能对强化具有反作用，要确保自己在孩子的学习环境中处于控制地位。

比如，当孩子以"你不爱我"的理由企图逃避惩罚时，妈妈可以告诉他："我在任何时候都爱你。但是我必须告诉你，你做的这件事让我觉得很失望。你做错了事情不要紧，只要能改，你都是爸爸妈妈的好孩子，爸爸妈妈永远爱你。"

九、在孩子快乐的心情中培养
好习惯

　　人总是有趋善、趋乐的趋势，总是向着一种喜欢的、有兴趣的、感觉好的方向走，趋利避害，孩子更是如此。夏洛·梅森说："我们对孩子的态度，决定着我们和孩子的关系。"让孩子高兴就是养育孩子的原则。如果孩子快乐，他在很大程度上就会成为好孩子。

　　妈妈无论做什么，都要让孩子始终保持快乐的心情，否则就会令孩子失去快乐的感觉，以及在他们身体中保持的一些力量和新鲜感。青少年是人生最快乐、最美好的时期，但同时也是最脆弱、最天真的时期，妈妈尤其要注意保护好孩子的快乐，让孩子在快乐中学习、成长。

　　哈佛大学的心理学教授、教育家塞德兹就十分注重对孩子的快乐教育。在有一次旅行中，小塞德兹就毫不费力地掌握了一个物理学原理。

　　坐在火车车厢里的小塞德兹指着窗外说道："那些树木在飞快地向后面跑，爸爸。"

　　"不，那不是树木在向后跑，而是我们坐的火车在向前跑。"塞德兹笑着对儿子说。

　　"不，我认为我们坐的火车并没有动，而是窗外的树木在动。"儿子天真地说，"因为我在这儿坐了很久了，但并没有发现火车有什么变化，反而发现外面的东西都变了。这不说明窗外的东西在动还能说明什么？"

　　"那么，假如现在你不在火车上而是在窗外的话，你会怎么想呢？"

　　"这个嘛……"小塞德兹想了想说，"一定是我也会向后跑，就像那些树木一样。"

"你能够跑那么快吗？"

"是呀，我能跑那么快吗？这可有些奇怪了。"小塞德兹充满疑问地说。

"虽然你不能回答这个问题，但我仍然向你表示祝贺。"

"什么？祝贺我什么？"

"你今天发现了一个物理现象，当然应该祝贺啦。"

"我发现了一个物理现象？"儿子不解。

"你刚才发现的，正是一个参照物的问题。"于是，塞德兹耐心给他讲解，"你之所以说窗外的树木在向后跑，是因为你把火车当成了参照物，也就是说相对于火车来说，树木的确是向后移动了。反过来，如果把树木当成参照物，火车就是向前跑了。"

"噢，我明白了。怪不得我会认为火车没有动呢！这是因为我把自己当成了参照物，火车带着我向前行驶，我们一起在运动，当然就不会感到它也在动！"小塞德兹说道。

这样类似的讨论在塞德兹父子之间发生过许多许多次，也正是这种看似闲谈般的讨论使小塞德兹在轻松和有趣之中学到了那些在书本上显得极为晦涩的知识。

同样，妈妈在训练、培养孩子行为习惯的时候也应如此，切忌让训练成为孩子的一件"苦差事"，要时刻谨记让孩子在快乐的心情中得到体验，获得成长。

北京市十佳班主任郑丹娜老师为了帮一年级的小学生逐步建立起礼仪意识，把各种礼仪规范编成了童谣，如：课堂礼仪儿歌"上课时，坐正直，两手放平看老师，要发言，先举手，老师允许再开口"；文明礼貌儿歌"春风吹，阳光照，自觉排队进学校，见到师长问声好，见到同学说声早，这样才是有礼貌"；课间礼仪儿歌"下课时，看课表，先把用具准备好，楼中走路靠右行，不打不闹不追跑，安全礼让记心间，学校纪律要记牢"……

除此之外，为了强化学生的规则意识，郑丹娜老师还和孩子们共同创编了一些礼仪口令，如排队时老师说"快静齐"，学生接着答"让我们的队伍静悄悄"；在楼中行走时老师说"靠右行"，学生接着说"不跑不跳不打闹"……

郑丹娜老师曾指出：儿歌的诵读，口令的强化，能够帮学生逐步建立起礼仪意识，但要真正形成习惯，还需要一个训练的过程。

要想训练收到好的成效，妈妈就要保证孩子能够快乐地接受训练。如果只是在训练中一味地强调"苦练"，而忽视了孩子的兴趣，那孩子往往会因为妈妈太过"严格"而产生"逆反情绪"，就会在过度的限制中，厌恶、抵抗习惯训练，逃避习惯培养。

因此，妈妈要想出一些巧办法，让孩子在快乐的心情下接受训练。比如要培养孩子热爱家务劳动的好习惯，就可以让孩子帮忙洗碗。开始的时候如果妈妈不引导，孩子就有可能只感受到洗碗会造成满手的油腻，很不舒服，因而对洗碗会产生抵触的情绪。但如果在孩子洗碗的过程中，妈妈在一旁及时给予适度的表扬，诸如"一点不怕脏，真棒"、"东西收拾得真干净"，那么孩子就会从大人那里得到极大的快乐和满足，而这些快乐和满足就完全取代了因为洗碗把手弄油所造成的厌恶和痛苦，孩子今后就还会持续地主动做出同样的行为，形成热爱家务劳动的好习惯。

所以，在培养孩子习惯的训练中，调动孩子的积极性和主观能动性非常重要，让孩子在愉快、生动有趣的氛围中接受行为训练，从而达到事半功倍的效果。

十、专心致志培养孩子好习惯

如果我们给"习惯"下一个定义，所谓的"习惯"，就是人和动物对于某种刺激的"固定性反应"，这是相同的场合和反应关系反复出现的结果。所以，如果一个人反复练习饭前洗手的话，那么这个行为就会融合到他更为广泛的行为中去，养成"爱清洁"的习惯。

习惯是某种刺激反复出现，个体对之做出固定性反应，久而久之，形成了类似于条件反射的某种规律性活动。它包括生理和心理两方面，即能够直接观察及测量的外显活动和间接推知的内在心路历程——意识及潜意识历程。而且，心理上的习惯，即思维定式一旦形成，则更具持久性和稳定性，在更广泛的基础上，就成了性格特征。

圣贤有言："性相近也，习相远也"；"少成若天性，习惯如自然"。意思是说，人的本性是很接近的，但由于习惯不同便相去甚远，小时候培养的品格就好像是天生就有的，长期养成的习惯就好像完全出于自然。

成功是从良好的习惯开始的，习惯成自然，从小养成的习惯可以比较轻松、毫不费力地做得到。看看我们自己，看看我们周围，看看芸芸众生，好习惯造就了多少辉煌成果，而坏习惯又毁掉多少美好的人生！

想想看，习惯一旦形成，它就极具稳定性，心理上的习惯左右着我们的思维方式，决定我们的待人接物。生理上的习惯左右着我们的行为方式，决定我们的生活起居。日常的生活本身就是习惯的反复应用，而一旦遇上突发事件，根深蒂固的习惯更是一马当先地冲到最前面，所以，习惯虽小，却影响深远。你可以遍数名载史册的成功人士，哪一个没有几个可圈可点的习惯在影响着他们的人生轨迹呢？

虽然我们要注意培养孩子的好习惯，但俗话说，不能一口吃成个胖子。古往今来，凡是卓有成就的人，他们都有一个共同点，那就是将精力用在做一件事情上，专心致志，集中突破，这是他们做事卓有成效的主要原因。著名的效率提升大师博恩·崔西有一个著名的论断："一次做好一件事的人比同时涉猎多个领域的人要好得多。"富兰克林将自己一生的成就归功于"在一定时期内不遗余力地做一件事"这一信条的实践。

史蒂芬·柯维在为一些经理人做职业培训时，有一次，一位公司的经理去拜访他，看到柯维干净整洁的办公桌感到很惊讶，他问史蒂芬·柯维说："柯维先生，你没处理的信件放在哪儿呢？"

柯维说："我没处理的信件都处理完了。"

"那你今天没干的事情又推给谁了呢？"这位经理紧追着问。

　　"我所有的事情都处理完了。"史蒂芬·柯维微笑着回答。看到这位经理困惑的表情，史蒂芬·柯维解释说："原因很简单，我知道我所需要处理的事情很多，但我的精力有限，一次只能处理一件事情，于是我就按照所要处理的事情的重要性，列一个顺序表，然后就一件一件地处理。"说到这儿，史蒂芬·柯维双手一摊，耸了耸肩膀。

　　"噢，我明白了，谢谢你，史蒂芬·柯维先生。"

　　几周以后，这位公司的经理请史蒂芬·柯维参观其宽敞的办公室，对史蒂芬说："柯维先生，感谢你教给了我处理事务的方法。过去，在我这宽大的办公室里，我要处理的文件、信件等，堆得和小山一样，一张桌子不够，就用三张桌子。自从用了你说的法子以后，情况好多了，瞧，再也没有没处理完的事情了。"

　　这位公司的经理，就这样找到了处理繁重事务的办法，几年以后，成为美国社会成功人士中的佼佼者。这个道理同样适用于对孩子习惯的培养上。作为妈妈，我们在同一个时期，只培养孩子的一种习惯，你会发现孩子的好习惯更容易形成。若想要一下子培养孩子多种习惯，他反而会一事无成。

十一、家庭教育是培养孩子好习惯的第一环境

　　在当前社会竞争激烈的大环境下，培养孩子的良好习惯对孩子的身心健康、和谐发展有着深远的意义。

　　幼儿期是培养习惯的最佳时期，在这段时间内，培养孩子良好的行为习惯和生活习惯更为容易。古代家教思想中提出了"教子婴孩"、"早论教"，这些思想都显示在孩子无知、无所疑的时候，进行教育是容易的。

家庭是孩子成长的第一环境，是孩子习惯形成的摇篮，6岁前的儿童与家庭的关系更为密切、长久，家庭对孩子的影响也更多更大。妈妈培养孩子养成良好的习惯也就更为重要和有意义了。

芳芳的爸妈在外地工作，芳芳自小生活在爷爷奶奶身边，备受宠爱，就算芳芳上幼稚园的时候，两位老人也天天陪着孙子上学，一步不离，为孙子服务：帮上厕所的孙子脱裤子；帮孙子冲奶粉，一勺一勺地舀给孙子喝；中午吃饭，爷爷奶奶一个喂菜一个喂饭，数着米粒往孙子的嘴里添；睡午觉时爷爷奶奶要给孙子脱下衣服、鞋子，盖上被子，哄孙子睡着后，才轮着打个盹……

直到有一天，幼稚园举办了开放妈妈参观的活动，看到芳芳不会洗手、不会用杯子接水喝、不会脱鞋子、不会擦鼻涕……总跟在别人后面拖拖拉拉，老人才真正意识到娇惯对孩子的危害。

可见，作为儿童第一任老师的妈妈，更应该积极为儿童创造适宜的家庭环境，通过日积月累，让儿童的良好生活习惯在不知不觉中形成。

美国学者特尔曼从1928年起对1500名儿童进行了长期的追踪，发现这些"天才"儿童平均年龄为7岁，平均智商为130。成年之后，又对其中最有成就的20%和没有什么成就的20%进行分析比较，结果发现，他们成年后之所以产生明显的差异，其主要原因就是前者有良好的学习习惯、强烈的进取精神和顽强的毅力，而后者缺乏。

正如爱因斯坦所说："一个人取得的成绩往往取决于性格上的伟大。"而构成孩子性格的，正是日常生活中的一个个好习惯。好习惯养成得越多，个人的能力就越强。养成好的习惯，就如同为梦想插上翅膀，它将为人生的成功打下坚实的基础，孩子的一生都会受益；养成好的习惯，孩子的人格魅力便会自然得到提升。

习惯是日积月累的细节，培养孩子良好的习惯和高尚的道德情操，应从"大处着眼，小处着手"，在一举一动、一言一行中逐渐养成。习惯在不知不觉的成长中经年累月影响着孩子的品德，左右着孩子的成败。

教育的目的是帮助孩子取得成功，所以，教育就是要培养习惯。所谓习惯，就是经过重复练习而巩固下来的思维模式和行为模式，例如人们长期养成的学习习惯、生活习惯、工作习惯等。常言道：习惯养得好，终身受益。少成若天性，习惯成自然。可见，习惯是由重复制造出来的，并根据自然法则养成的。

其实，生活习惯和学习习惯的培养是一脉相承的，一些学习习惯不良的孩子，往往在生活上也有许多不良习惯。因此，培养习惯应该从点滴生活小事做起。儿童正处于生理、心理快速发展的重要阶段，处于形成各种习惯的关键时期。从小养成良好的习惯，一辈子受用不尽。

十二、培养孩子的自制习惯

贝利从小就显现出非凡的足球天赋，他常常踢着父亲为他特制的"足球"——用一只大号袜子塞满破布和旧报纸，然后尽量捏成球形，外面再用绳子捆紧。贝利经常在家门前那条坑坑洼洼的小街，赤着脚练球。尽管他经常摔得皮开肉绽，但他始终不停地向着想象中的球门冲刺。

渐渐地，贝利有了些名气，许多认识、不认识的人常常跟他打招呼，还向他递烟。像所有未成年人一样，贝利喜欢吸烟时的那种"长大了"的感觉。

有一次，当贝利在街上向别人要烟的时候，父亲刚好从他身边经过。父亲的脸色很难看，贝利低下头，不敢看父亲的眼睛。因为，他看到父亲的眼睛里有一种忧伤，有一种绝望，还有一种恨铁不成钢的怒火。

父亲说："我看见你抽烟了。"

贝利不敢回答父亲，一言不发。

父亲又说："是我看错了吗？"

贝利盯着父亲的脚尖，小声说："不，你没有。"

父亲又问："你抽烟多久了？"

贝利小声为自己辩解："我只吸过几次，几天前才……"

父亲打断了他的话，说："告诉我味道好吗？我没抽过烟，不知道烟是什么味道。"贝利说："我也不知道，其实并不太好。"说话的时候突然绷紧了浑身的肌肉，手不由自主地往脸上捂，因为，他看到站在他跟前的父亲猛地抬起了手。但是，那并不是贝利预料中的耳光，父亲把他搂在了怀中。

父亲说："你踢球有点天分，也许会成为一名优秀的运动员，但如果你抽烟、喝酒，那就到此为止了。因为你将不能在90分钟内保持一个较高的水准。这事由你自己决定吧。"

父亲说着，打开他瘪瘪的钱包，里面只有几张皱巴巴的纸币。父亲说："你如果真想抽烟，还是自己买比较好，总跟人家要，太丢人了，你买烟需要多少钱？"

贝利感到又羞又愧，眼睛里涩涩的，可他抬起头来，看到父亲的脸上已是泪水纵横……后来，贝利再也没有抽过烟。他凭着超人的自控能力和不懈的勤学苦练，终于成了一代球王。

柏拉图说："就人本身而言，最重要和最重大的胜利是征服自己，而最可耻和最可鄙的莫过于被自己的私欲所征服。"人贵在自制，自制是一切好习惯之本，当一个人有了自制的习惯，便不会因为懒散而养成拖拉的习惯，不会因为没有耐心而养成做事有头无尾的习惯，也不会因为虚荣心作祟而养成撒谎的习惯。所以，孩子要养成好习惯，就首先要学会自制。

而有自制习惯的孩子，才能在人生的大海中扬帆远航，到达胜利的彼岸。因为任何人要成就大的事业，都不能随心所欲、感情用事，必须对自己的言行有所克制，这样才能使自己的错误、缺点得到抑制，为自己的成才之路扫清道路。

高尔基说："哪怕是对自己的一点小小的克制，也会使人变得强而有力。"德国诗人歌德说："谁若游戏人生，他就一事无成，不能主宰自己，永远是一个奴隶。"一个人要想成为能够主宰自己命运的强者，成就一番事业，就必须对自己有所约束、有所克制。因此，对孩子的自控教育是家庭教育必不可少的内容之一，培养孩子的自制习惯也是妈妈育子的一大重要环节。

但是人的自制能力和自我管理能力并不是天生的，它和人的其他能力一样，都是后天开发出来的，每个人的自我管理能力都是可以不断提高的。尤其是孩子，他们的自控能力在日常生活中会逐渐提高。作为妈妈，要有意识地提高孩子的自控力，要培养起孩子自制的习惯，可以从以下几个方面做起：

第一，从日常生活小事做起。人的自制力是在学习、生活、工作中的小事中培养、锻炼起来的。许多事情虽然微不足道，但却影响到一个人自制力的形成。如早上按时起床、严格遵守各种制度、按时完成学习计划等，都可积小成大，锻炼自己的自制力。

第二，告诉孩子要对自己多分析，找出自己在哪些活动中、何种环境中自制力差，然后拟出培养自制力的目标步骤，有针对性地培养自己的自制力；然后是对自己的欲望进行剖析，扬善去恶，抑制自己的某些不正当的欲望。

第三，进行暗示和激励。自制力在很大程度上就表现在自我暗示和激励等意念控制上。意念控制的方法有：在孩子紧张时，为孩子念一些建立信心、给人以力量的话，时时提醒、激励他们；在孩子面临困境或诱惑时，利用口头命令，如"要沉着、冷静"，以组织孩子自身的心理活动，使其获得精神力量。

第四，要孩子经常进行自省。如当他们学习时忍不住想看电视，让孩子马上警告自己管住自己；当遇到困难想退缩时，马上警告自己别懦弱。这样往往会激起孩子的自尊，战胜怯懦，成功地控制自己。

十三、告诉孩子，勤奋很重要

尼克松的家境并不富裕，一家人只能靠种地糊口。父亲在自己的菜园里辛勤劳作，供养着一家人。母亲则是一个有着文化修养的伟大母亲，更多地承担了教育子女的责任。自尼克松出生后，她就用自己的智慧和耐心教育他。在尼克松 6 岁上学之时，母亲早就教会他读一些书籍了。

尼克松 9 岁时，父亲卖掉了屋子和菜园、果园，把家搬到了惠蒂尔。父亲十分勤劳，靠自己的双手辛勤耕耘，努力改变全家人的命运。终于，他有了属于自己的加油站，后来又办起了杂货店，并专门出售自家制的馅饼和蛋糕，将尼克松母亲的手艺绝活推向了市场。

妈妈的勤劳对尼克松产生了很大影响。他很早就帮忙操持家务，做些力所能及的事，妈妈经常拿《圣经》里的"你必须汗流满面，才得糊口"这句话来教育他。尼克松把这句话牢牢记在心底。尼克松很快就成了家里的得力帮手。在父亲和母亲辛勤劳动的带动下，尼克松充分认识到只有劳动才能创造一切，才能满足自己的需求。给家人帮忙让尼克松深深体会到了劳动的快乐和成果。尼克松回忆到，他每天早晨4点钟就起床，5点赶到洛杉矶第七街菜市场。他自己挑选水果和蔬菜，把价钱还到最低，选购好的货物用马车送回家，将这些货物洗净、分级，放到店铺后，接着在8点钟去上学。尽管很辛苦，但每次劳动后，尼克松都感到一种轻松和快乐。因为他靠自己的努力，得到了收获。

童年的经历使他一生都保持勤劳，尼克松终生都谨记妈妈教给他的那句话，靠自己的付出来实现人生的目标。

尼克松的妈妈告诉他说："人生的目标要靠自己的付出才能实现。"在妈妈的带动下，尼克松也养成了勤奋用功的习惯，这为他以后的成功打下了坚实的基础。

在一个学校或者是在一个班级中，通常有两类学生是容易受到老师喜爱的：一种是非常聪明又非常勤奋的，另一种是不算聪明却非常勤奋的。可见，勤奋的孩子，走到哪里都会招人喜欢。在人生的旅途中，有许多聪明的人常常在最后变笨了，而原本被认为是笨的人，却常常在最后变得聪明了。勤奋的人不一定会成功，但是如果人要取得成功，就永远离不开勤奋。

所以，作为妈妈，我们不应该为孩子的低智商而气馁，也不要为孩子的高智商而沾沾自喜，而是应该将视角转移，重视自己的孩子是否努力勤奋，把这种理念传递给孩子，让他们感受到只有努力才能获得妈妈的认可和夸奖。

美国近期的一项研究得出结论：如果一个孩子总是自认为很聪明，很有可能在面对挑战的时候想回避。在一项实验中，老师让幼儿园的孩子们回答问题，她对其中一部分孩子说："你们答对了8道题，你们很聪明。"而对另一部分孩子换了种说法："你们答对了 8 道题，你们确实付出了巨大的努力。"接下来，这个老师分别给两个部分的孩子布置新任务让他们自己选择：一种是他们在完成的时候也许会出现一些差错，但是最终可以学到一些东西；另一种是他们有把握一定可以做得好。结果那些被夸奖为"聪明"的孩子大多都选择了后者，而那些被夸奖为"努力"的孩子则大多数选择了前者。

夸奖自己的孩子聪明，会有一个缺陷：孩子在潜意识中认为是由于自己聪明才会一帆风顺，逐渐对自己感觉良好，想着自己的将来一定是只会成功，不会失败。时间长了之后，就容易对自己的评价不那么客观了。如果他把事情做得很好，他就会认为只是他聪明罢了；一旦他受到了挫折，他的第一反应很可能就是"我并不聪明"，随之对一切都失去了兴趣。这样的孩子将来走上社会之后就会感觉自己有点输不起，甚至会导致终生一蹶不振。

所以，妈妈最好是赞美自己的孩子"勤奋"。当我们在夸奖他勤奋的时候，其实就是在鼓励他继续努力去寻求更多的挑战，这样可以帮助孩子在遇到挫折的时候不会气馁，他会始终认为自己不懈努力去做的事情是一件值得的事。

懒惰者永远不会在事业上有所建树，永远不会使自己变得聪明起来。唯有勤奋者，才能在无垠的知识海洋里汲取到真知实才，使自己变得聪明起来。任何目标都是需要经过认真地付出才能够实现，勤奋努力的习惯最好是从小就培养，越小越好。妈妈在夸奖孩子勤奋努力的同时，也就是在鼓励他继续努力去挑战更高的目标，通过这样的方式启发孩子认识到对自己的责任，开阔人生。

十四、给孩子灌输时间观念

在美国现代企业界里，与人接洽生意能以最少时间产生最大效益的人，非金融大王摩根莫属。为了珍惜时间，他招致了许多怨恨，但其实人人都应该把摩根作为这一方面的典范，因为人人都应具有这种珍视时间的美德。

摩根每天上午 9 点 30 分准时进入办公室，下午 5 点回家。有人对摩根的资本进行了计算后说，他每分钟的收入是 20 美元，但摩根说好像不止这些。所以，除了与生意上有特别关系的人商谈外，他与人谈话绝不在 5 分钟以上。

通常，摩根总是在一间很大的办公室里，与许多员工一起工作，他不只是一个人待在房间里工作。摩根会随时指挥他手下的员工，按照他的计划去行事。如果你走进他那间大办公室，是很容易见到他的；但如果你没有重要的事情，他是绝对不会欢迎你的。

摩根有极其卓越的判断力，他能够轻易地判断出一个人来洽谈的到底是什么事。当你对他说话时，一切转弯抹角的方法都会失去效力，他能够立刻判断出你的真实意图。这样卓越的判断力使摩根节省了许多宝贵的时间。有些人本来就没有什么重要事情需要洽谈，只是想找个人来聊天，而耗费了工作繁忙的人许多重要的时间，摩根对这种人简直是"恨之入骨"。

苹果电脑公司的创始人史蒂夫·乔布斯在斯坦福大学曾对新生做了如下的演讲：他说在他 17 岁的时候，曾经读到一句格言"如果你把每一天都当成生命里的最后一天，你将在某一天发现原来一切皆在掌握之中"，这句话对他日后产生了深远的影响。对于每个人来说，时间都是平等的，谁更能够抓住时间，谁就可以得到时间老人的奖赏。但是孩子们由于年龄尚小，还不知道人生的目标和使命，往往缺少时间的紧迫感，也不懂得如何科学地来利用时间。对于孩子来说，时间是财富、是资本、是命运，是千金难买的无价之宝，教会孩子合理、充分地分配、利用时间，是妈妈的一项重要任务。所以，作为妈妈，我们应该重视培养孩子安排时间、运用时间的能力，培养孩子珍惜时间的习惯。

建议一：培养孩子良好的时间观念。养成良好的时间观念是一个人做事成功的基本前提，但并不是意味着全部。父母在与孩子朝夕相处的岁月中，要向孩子渗透时间可贵的概念。妈妈有意无意在孩子面前所表露出的一举一动，都会对孩子行为习惯的形成起着至关重要的作用。

建议二：应该教育孩子尽量提高效率。为了提高效率，所以要强调科学用脑。用脑的时间过长，大脑就会变得迟钝，这时要适当地休息。此外，大脑的不同区域所负责的功能是不一样的。比如左脑主要是负责抽象思维，而右脑则是负责形象思维。因此，我们可以辅导孩子交替学习不同的内容，使大脑得到充分的休息。

建议三：教孩子善用整块时间干件大事。有些事情需要用比较集中的时间来完成。如果用零碎的时间，就容易造成时间的浪费。

建议四：杜绝孩子"磨蹭"的坏习惯。孩子只有在体会到磨蹭会给自己带来损失之后，才会自觉地快起来。因此，让孩子为自己的磨蹭付出代价，也可以说是改掉孩子磨蹭毛病的好方法。

建议五：教孩子用"倒计时"的方法来安排时间。有的事情是硬任务，必须在某个时间内完成，这就需要妈妈教会孩子用"倒计时"的方法来安排时间了。比如一件事情在10天之内必须要完成，这就需要规划一天应该完成多少，如果当天没有完成的话，就应该及时补上，保证按时完成。

建议六：增加孩子的紧迫感。缺乏适当的紧迫感是许多孩子做事磨蹭的主要原因。所以，妈妈可以在孩子的生活中"制造"点紧张气氛，让孩子的神经绷紧些，使孩子的生活节奏加快。

放弃时间的人，时间也会放弃他。善于利用时间的人，永远找得到充足的时间。时间是最不值钱的东西，也是最宝贵的东西，因为有了时间，我们就有了一切。

珍惜时间的好习惯是做事成功的基本前提，成功与失败的重要分别在于怎样分配和安排时间，教你的孩子学会将时间利用到极致，那将是一笔珍贵的财产。如果一个孩子懂得珍惜时间、利用时间，应得的回报早晚会如期而至。

十五、培养孩子心胸开阔的习惯

所谓胸怀是指人的理想、见识、气度以及待人的态度。胸怀是人格的重要体

现，具有宽广胸怀的人是人格高尚的人。

胸怀不是天生的，它是环境和教育的产物。由于独生子女所处的独特地位，极易造成胸怀上的弱点：自私，狭隘，嫉贤妒能，批评不得，失败不得。

一个能够成就一番事业的人一定是一个心胸开阔的人。妈妈如若想要自己的孩子成大事，就一定要培养孩子开阔的胸怀，只有养成了坦然面对、包容一些人和事的习惯，才会在将来取得事业上的成功与辉煌。

胸襟开阔的人，虽然没有雄厚的资产，但其在事业上成功的机会，较之那些虽有资产但缺乏吸引力和缺乏"人和"的人要多，因为他们不仅到处受人欢迎，而且到处能得到别人的帮助。

一个只肯为自己打算盘的人，会到处受人鄙弃。其实你可以将自己化作一块磁铁，来吸引你所愿意吸引的任何人——只要你能在日常生活中，处处表现出爱人与善意的精神。假使你打算多交些朋友，你一定要宽宏大量。

具有宽大心胸的人，看出他人的好处比看出他人的坏处更快。反之，心胸狭隘的人，目光所及都是他人的过失、缺陷甚至罪恶。轻视与嫉妒他人的心胸是狭隘的、不健全的。这种人从来不会看到或承认别人的好处，假使那一个人众望所归，而他的好处也无人可以否认，心胸狭隘的人仍会用"不过"、"假使"等措辞去表示他对于那个受人敬仰的人的行为表示怀疑，希望能降低那人的声誉。而心胸开阔的人，即使憎恨他人时也会竭力发现对方的长处，并由此而包容对方。

那么，妈妈应如何培养孩子心胸开阔的好习惯呢？

首先，要让孩子明白心胸开阔的重要性。妈妈可以通过向孩子讲有关胸怀方面的故事，引导和教育孩子。

其次，妈妈不能把孩子圈在家里，拒绝和别人接触，而应当经常鼓励、督促孩子与别人友好交往。教育孩子在与人交往时热情大方，慷慨待人。尤其教育孩子不因强而谀、不因弱而欺、不因残而讥、不因贫而笑、不因后进而轻视、不因先进而嫉妒，而应富有正义感、同情心、博爱精神和肚量。对于一个能顶天立地的人来说，照顾别人，与人分享和宽容厚道都是自身品格的自然流露。

再次，妈妈应要求孩子关心、热爱集体，积极参加文体活动，为集体出力，以自己的才华为集体增光添彩。遇到个人利益和集体利益发生矛盾的时候，个人利益服从集体利益。心中有他人，有集体，有祖国，孩子的心胸该是怎样的广阔啊！

最后，还要教育孩子有自知之明和自我批评的精神。金无足赤，人无完人，处于成长阶段的孩子，缺点、错误在所难免。要帮助孩子找到自身存在的不足，不能让孩子认为自己十全十美。看到自己的短处才能看到别人的长处，才能接受别人的批评和意见。能自我批评是心胸开阔的标志之一。

在培养孩子心胸开阔的习惯时，妈妈的身体力行绝不可少。一个自私狭隘的人，是不会培养出心胸开阔的孩子的。所以，妈妈要知道，孩子的习惯多数来自妈妈的感染，身体力行。

十六、让孩子养成"马上去做"的好习惯

从前，有一个优秀的女孩叫莎丽·安东尼奥，她是大学艺术团的歌剧演员。在一次校际演讲比赛中，她向全校的师生展示了一个最为璀璨的梦想：大学毕业后，先去欧洲旅游一年，然后要在纽约百老汇中成为一名优秀的主角。

当天下午，莎丽的心理学老师找到她，尖锐地问了一句："你今天去百老汇跟毕业后去有什么差别？"

莎丽仔细一想："是呀，大学生活并不能帮我争取到百老汇的工作机会。"于是，莎丽决定一年以后就去百老汇闯荡。

这时，老师又冷不丁地问她："你现在去跟一年以后去有什么不同？"莎丽苦思冥想了一会儿，对老师说，她决定下学期就出发。老师紧追不舍地问："你下学期去跟今天去，有什么不一样？"

　　莎丽有些晕眩了，想想那个金碧辉煌的舞台和那只在睡梦中萦绕不绝的红舞鞋……她决定下个月就前往百老汇。

　　老师乘胜追击地问："一个月以后去，跟今天去有什么不同？"莎丽激动不已，她情不自禁地说："好，给我一个星期的时间准备一下，我就出发。"

　　老师步步紧逼："所有的生活用品在百老汇都能买到，你一个星期以后去和今天去有什么差别？"

　　莎丽终于双眼盈泪地说："好，我明天就去。"老师赞许地点点头，说："我已经帮你订好明天的机票了。"

　　第二天，莎丽就飞赴到全世界最巅峰的艺术殿堂——美国百老汇。当时，百老汇的制片人正在酝酿一部经典剧目，几百名各国艺术家前去应征主角。按当时的应聘步骤，是先挑出 10 个左右的候选人，然后，让他们每人按剧本的要求演绎一段主角的对白。这意味着要经过百里挑一的两轮艰苦角逐才能胜出。

　　莎丽到了纽约后，并没有急于去漂染头发、买漂亮的衣服，而是费尽周折从一个化妆师手里要到了将排的剧本。这以后的两天中，莎丽闭门苦读，悄悄演练。正式面试那天，莎丽是第 48 个出场的，当制片人要她说说自己的表演经历时，莎丽粲然一笑，说："我可以给您表演一段原来在学校排演的剧目吗？就一分钟。"制片人首肯了，他不愿让这个热爱艺术的青年失望。

　　而当制片人听到传进自己鼓膜里的声音，竟然是将要排演的剧目对白，而且，面前的这个姑娘感情如此真挚，表演如此惟妙惟肖时，他惊呆了！他马上通知工作人员结束面试，主角非莎丽莫属。就这样，莎丽刚一来到纽约就顺利地进入了百老汇，为自己的梦想穿上了红舞鞋。

　　有一位心理学家多年来一直在探寻成功人士的精神世界，他发现了两种本质的力量：一种是在严格而缜密的逻辑思维引导下艰苦工作，另一种是在突发、热烈的灵感激励下立即行动。

　　当可能改变命运的灵感在世俗生活中喷发时，绝大多数人习惯于将它窒息，而后又回到原来的生活常轨：什么时候该做什么照常做什么。他们并没有意识到，内在的冲动是人类潜意识通向客观世界的直达快车。

　　威廉·詹姆斯说："灵感的每一次闪烁和启示，都让它像气体一样溜掉而毫无踪迹，这比丧失机遇还要糟糕，因为它在无形中阻断了激情喷发的正常渠道。"

如此一来，人类将无法聚起一股坚定而快速应变的力量以对付生活的突变。

世间永远没有绝对完美的事，"万事俱备"只不过是"永远不可能做到"的代名词。一旦延迟，愚蠢地去满足"万事俱备"这一先行条件，不但辛苦加倍，还会使灵感失去应有的乐趣。以周密的思考来掩饰自己的不行动，甚至比一时冲动还要错误。

所以，妈妈要教育孩子马上去做！亲自去做！这是现代成功人士的做事理念。任何规划和蓝图都不能保证孩子的成功，而孩子只有养成"马上去做"的习惯，才是真正在向成功出发。

天下最可悲的一句话就是："我当时真应该那么做却没有那么做。"

孩子如果只是沉浸在不切实际的幻想中，梦想着天上掉馅饼儿，而不是脚踏实地地付诸行动，那么幻想恐怕永远都是幻想。正所谓一分耕耘一分收获，天上掉馅饼儿的事的确有，但它不一定偏偏就掉在你头上，要想获得成功，只有辛勤地耕耘、劳作，只有从现在开始，马上做！

一张地图，无论多么翔实，比例多么精确，它永远不可能带着主人周游列国。一个人生规划，不管多么周密，也不可能永远指挥着孩子向前迈进，只有行动才能使地图具有现实意义，只有行动才能赶得上超出计划的变化！

所以，妈妈要让孩子知道，很多事业有成的人之所以能取得今天的成就，不是事先规划出来的，而是在行动中一步一步经过不断调整和实践出来的。因为任何规划都有缺陷，规划的东西是纸上的，与实际总是有距离的，规划可以在执行中修改，但关键还是要马上去做！根据孩子的目标马上行动，没有行动，再好的计划也是白日梦。让孩子现在就动手做吧！让孩子养成"马上做"的习惯，迎接成功的到来吧！

第二章
好习惯决定孩子的好前程

一、培养孩子做事有计划

生活中，相信每一位父母都会遇到这样的场面：

每天早晨一起床，孩子就会着急地喊，妈妈，我的衣服呢？鞋子呢？袜子呢？

有时候星期一给的零花钱，星期三他就花完了，问他是怎么花的，他会说："我也不知道，反正一下子就花完了。"

周末的晚上，拼命地补作业，白天只想着玩和看电视。

每次考试之前，他就会很忙碌，早起晚睡的，因为平时不复习，这时候着急了，所以忙乱不堪……

你看，这些缺乏计划性的孩子，不仅苦了自己，还让父母操心。孩子做事缺乏计划性和条理性，想起什么做什么，东一榔头西一棒槌地胡抓乱挠，往往是做了这件事，忘了那件事，到头来什么事情也做不好。

孩子做事没条理、没计划，说明孩子的逻辑思维能力不强，处理问题缺乏系统性。这与孩子的不成熟有关系，如果父母不帮助孩子纠正，可能导致孩子做事鲁莽草率，成人后对自己的人生缺乏整体的规划。古往今来，做事没有计划、没有条理的人，无论从事哪一行都不可能取得成绩。一个在商界颇有名气的经纪人曾把"做事没有条理"列为许多公司失败的一个最重要原因。

其实要解决这些问题也很简单，父母要引导孩子们学会做事有计划，对自己要做的事情有具体的时间规定，有准备、有措施、有安排、有步骤。

孩子一旦养成了有计划和自觉做事的习惯，不仅可以使父母省心，还能自己有条不紊地处理学习和生活中的事情。而一个做事没有计划、马虎的人，他不仅无法很好地进行学习和工作，而且还不会料理自己的生活，这样的话他就会在生活道路上遇到很多的障碍，不利于他的成长。所以说，父母应该从小培养孩子做事的计划性。

那么，父母应如何做才能使孩子做事有计划呢？

步骤一：放手，培养孩子做事的能力

父母不是怕孩子做不好事，就是心疼他，所以常常不愿意让他去做事，这样就会剥夺孩子做事的权利，让他感受不到做事的快乐，自然就会做事不积极，没计划。父母应该放手让孩子自己去尝试，让孩子通过实践来积累做事的经验。也许刚开始孩子会做得一塌糊涂，但是父母还是要给予鼓励和支持，只有这样，下次他才愿意做。只有让他自己去做了，才能提高他做事的能力，他才乐意去做，父母再去引导他学会思考，学会计划，这样才能提高他做事的效率。

步骤二：父母要和孩子一起制订计划

要让孩子学会做事有计划，父母可以给孩子做示范，比如把自己的工作计划展示给孩子看，把自己的生活计划列出来让他参照。在做家庭计划的时候，可以征求他的意见，比如关于假期怎么安排，也可以听听孩子的建议。这样也是在逐渐地培养孩子制订计划的意识。等到他的意识成熟之后，父母就可以让他自己来做安排。比如说周末怎么活动，如果一天去动物园，一天去看外公外婆，要怎么安排，去动物园要看哪些动物，看外公外婆要买哪些礼品等等。如果孩子的安排是合理的，可以按照他的计划去执行，如果有不合理的地方，父母可以建议修改。通过实践，能培养孩子做事的计划性。

步骤三：严格按计划办事，坚持落实计划

有时候虽然孩子制订了计划，但是在施行的时候，他总是会提出这样那样的要求。父母不应该纵容，比如计划是要先做完作业才能去看动画片的，如果作业没有做完，父母就不能允许他看动画片。如果制订了计划而不去执行，和没有制订计划有什么区别，有时候甚至比没有制订计划更糟糕。制订了计划，就要严格按照要求执行，只有持之以恒，才能形成一种好习惯。

步骤四：培养孩子积极思考的好习惯

一件事情要怎么做，为什么要这样做，要让孩子学会思考。比如周末是先去同学家玩，还是先在家写完作业，让孩子自己去思考，自己选择。这样可以逐渐地培养他勤于思考的习惯，制订出来的计划更具有条理性。在引导孩子思考和征求他意见的过程中，会让孩子感受到父母对自己的尊重，这样，日后他会更积极地思考，学会自己解决问题。

步骤五：让孩子养成在做事情之前制订计划的好习惯

比如孩子告诉妈妈周末要去植物园看花展，妈妈就要让他列出一个周密的计划：和谁一起去、几点出发、去参观哪些项目、乘车路线、几点回来等等。这样可以培养孩子做事严谨的态度，也可以让孩子在不知不觉中形成良好的习惯。

步骤六：让孩子学会每日小结

每天晚上睡觉之前都让孩子反省一下自己这一天的计划，有没有按时完成，哪些完成得比较好，哪些因为自己的原因没有做好。做好了的继续发扬，没有做好的要吸取经验教训，争取以后能做得更好。只有这样每天反省才能进步。

步骤七：培养孩子做事的条理性

在日常生活中，父母要告诉孩子用过的东西要放回原位；要把房间收拾得干净整洁，急需用的东西一目了然；晚上睡觉之前找好第二天要穿的衣服、鞋子放在床边；做完作业之后，要把书包收拾好。父母要监督孩子去做，这样可以培养他做事的条理性，一段时间之后就可以形成一种好的生活习惯了。

二、培养孩子做事不拖拉

　　韩韩马上就要步入初中的大门了，但做事拖拉的坏习惯还没改正，让妈妈有些着急。每天早晨起床，妈妈要喊很多遍，他才能有点反应，到了冬天，妈妈越喊，他的头就越往被子里缩。有时候好不容易被妈妈拉起了床，穿衣服和穿鞋都是磨磨蹭蹭的。然后慢腾腾地去洗漱，弄得总是来不及吃早点，就匆匆忙忙地去学校。

　　在学校，他也一样磨蹭，上课的时候，别的同学的课本早就准备好了，他总是要在书包里面掏上半天，有时候老师已经开讲好大一会儿了，他还在找课本。考试的时候，别的同学的题目早就做完了，他还在磨磨蹭蹭地写着，一会儿找橡皮，一会儿看看同学，本来题目都是会做的，弄到最后他还做不完。

　　在家里写作业，韩韩也一样要人操心。本来40分钟就可以写完的作业，他却边看电视边写，有时候妈妈强行关掉电视，他的速度还是很慢，一会儿看看这里，一会儿摸摸那里，过一会儿还要奶奶给他拿苹果吃。结果他的作业不仅做不好、做不完，对家人来说就像是一场战役，要催促要监督，常常折腾一两个小时。

　　在日常生活中，我们经常会看见做事"慢半拍"的孩子：吃饭的时候，一口饭含在嘴里很难咽下；穿双袜子、系个鞋带得老半天；上学的时候磨磨蹭蹭地不想走；做作业的时候慢腾腾地写。这些都是拖拉的表现，也是一个非常客观和棘手的问题，轻则表现为对事物处理的缓慢拖延，重则更表现为对事物无动于衷。

　　是什么原因导致了孩子做事拖拉呢？

　　据专家分析，孩子拖拉大致有六个原因：

　　1. 孩子做事情的时候，动作不熟练，因为他缺乏一定的生活技能，所以导致他做事比较缓慢。

2. 孩子没有时间观念，做事情缺乏紧迫感，喜欢慢慢腾腾的。

3. 父母的过于迁就和纵容导致孩子的懒惰，这样他就会形成拖拉的习惯。

4. 孩子故意违背父母的愿望，父母不听他的意见。

5. 事情超出了孩子的能力范围，损伤了他的自信。

6. 遗传因素，如家庭成员中有人做事比较拖拉，孩子也会养成做事拖拉的习惯。

我们不应该轻视这些看似不起眼的拖沓行为，美国心理学家约瑟夫·R. 法拉利认为，做事拖沓是一种"心"病，是一种心理不健康的表现，称为"慢性拖拉症"。

如果孩子的拖拉习惯没有得到及时的纠正，就会影响到他的学习成绩和学习效率，还会影响到他将来的学习和生活。所以说，父母一定要帮助孩子纠正他的拖拉习惯。

那么，父母应如何培养孩子不拖拉的习惯呢？

步骤一：增加计时性活动

为了帮助孩子改掉拖拉习惯，父母可以在他做事的时候增加计时性，做一件事情需要多长时间，事先可以和孩子商量好，然后让孩子在限定的时间内保质保量地做好。过后，要和孩子一起评价，看看下次是不是要缩短点时间或者是延长点时间。通过这种方法，可以训练孩子的时间观念，他在规定的时间内完成了事情，父母要给予鼓励，这样他就会慢慢地强化自己遵守时间的行为，提高自己的行动效率。

步骤二：让孩子为磨蹭付出代价

很多时候只是父母说孩子磨蹭，他自己却不觉得，只有让他体会到磨蹭是需要付出代价的，他才能自觉提高效率。比如孩子早晨起床，磨磨蹭蹭时，父母不要急，也不要催促他，让他去磨蹭，因为迟到他会受到老师的批评。这样让孩子亲身体会到迟到的后果，他就会长记性，会认识到磨蹭的害处，以后自己就会加快速度。

步骤三：制定规矩，勤督促

父母可以帮助孩子制订一个计划，比如早晨7点起床、晚上作业没有写完就不能看电视、布置的任务没有完成就不能出去玩等等，父母必须监督孩子执行，不得违反规矩。坚持的时间久了，孩子就会形成一种好习惯，不需要父母的监督，自己也能严格要求自己，按时起床，按时完成任务。

步骤四：不责备打骂，要采取合理的手段

很多时候，孩子做事慢，父母就在旁边责备孩子，有的父母甚至还打骂孩子，但是起的作用也是暂时的，孩子只是暂时在父母的武力下变快了，过后还会照旧。有时候父母的责骂，还会让孩子产生逆反心理，他会故意反抗，故意磨蹭。所以说，父母要采取合理的手段来帮助孩子改正拖拉的坏习惯，武力是解决不了问题的，要多和孩子商量。

步骤五：多一些鼓励和奖赏

鼓励和奖赏会激发孩子的积极性。父母可以改变自己对孩子的评价，比如对孩子这样说："你做得真快！""你现在比过去快多了！""现在不用妈妈的提醒，你也能很快完成了，真棒！"这些激励能够打动孩子，为了不让父母失望，他下次做事情的时候会下意识地提醒自己快点。因为父母的表扬，孩子就会有动力，会提升自己的自信，速度也会不由自主地快起来。

步骤六：让孩子体会到"快"的乐趣

孩子只有感觉到自己这样做是有好处的，是值得的，他才能有意识地让自己快起来。比如孩子在按时完成自己的作业之后，父母可以放手让他去做自己喜欢的事情，看看电视、看看课外书，和小伙伴一起玩耍，只有让他体会快速地完成任务之后给自己带来的好处，他才会加快速度。父母一定不要剥夺孩子的时间，节省下来的时间可以让他自由地安排，这样效果才会好。

三、培养孩子做事认真仔细

豪豪是个小学五年级的孩子，平时在课堂上总是积极举手回答老师的提问，父母、老师都夸他聪明，但是到了考试，总会出现一些不该错的题，老师和父母都觉得很奇怪。后来经过分析才知道，豪豪不是不会做题，而是因为他不细心，在阅读题目时总是马马虎虎的，没看清楚就开始答题了，导致错误频出，这就使得考试成绩和平时的学习情况不吻合。

生活中豪豪也是个小马虎，每天收拾书包、文具的时候，不是少带了书，就是少带了作业本，到了学校要用的时候才发现自己竟然忘在家里了。妈妈没有办法，常常在他收拾完东西的时候，再帮他检查一遍，有时忘记检查了，就可能丢三落四。

生活中，像豪豪这样马虎、粗心的孩子，我们会经常见到。因为马虎，在做作业的时候，很简单的题也会出错，考试成绩总是不理想，不是他不会做那些题，而是看题的时候不细心，没看清楚就匆匆忙忙下笔，结果一下笔就错。他总是丢三落四，不是忘记带了，就是忘记放在什么地方了。这种习惯给他的学习生活带来了很多麻烦，也让父母感到十分头疼。

粗心是一种坏习惯，不利于孩子的学习生活，也不利于他的成长和成才，将来长大参加工作，也会给他的工作带来不利的影响。不过这种坏习惯不是天生的，而是后天形成的。

导致孩子粗心的原因有哪些呢？

1. 孩子还处在成长中，视觉记忆和辨识能力比较弱，所以常会看错题目或者记错题目。

2. 父母没有及时纠正孩子的马虎，时间长了就形成了习惯。有时候，父母觉得孩子还小，长大了自然就好了，所以即使发现了孩子的马虎也不纠正，这样长期下来，孩子就形成了习惯。

3. 孩子缺乏责任心，做什么事情都不放在心上，因为孩子毕竟年龄小，无论在学习上还是在生活上，不管质量如何，完成就好。

4. 孩子的学习任务繁重，作业多，心里焦急，想急急忙忙地赶着做完，却没想到越忙越易出错。

为了孩子的健康成长，父母平时要注意纠正孩子这种粗心马虎的坏习惯，培养他细心的好习惯。

那么，父母应如何培养孩子细心做事的好习惯呢？

步骤一：从身边的小事抓起，培养孩子细心的好习惯

父母应该从身边的小事来要求孩子，只有这样，从小到大，循序渐进，孩子才会逐渐地养成细心的好习惯。比如每天早晨起床要求他叠被子，把自己的房间收拾干净；用过的毛巾、牙刷、杯子等物品，要放回原来的位置；平时看的书和不经常看的书，要分类放好；收拾书包的时候，要仔细地检查，看看有没有落下的文具和书本。孩子们做这些的时候父母要提醒、指导，事后还要检查一遍，及时发现一些问题并给予纠正，好的地方要提出鼓励和表扬。经过一段时间的重复，孩子已经不需要你的督促和检查了，养成了好习惯，那么你就可以把这个好办法用到他的学习上了。这些就需要一个循序渐进的过程，然后习惯成自然。

步骤二：给孩子一个安静的学习环境

父母要给孩子提供一个安静的学习环境，有条件的可以专门给孩子准备一间房子，他可以在里面安静地写作业。父母在孩子写作业的时候，不要大声地喧哗，不要把电视的声音开得很大。有空的话，父母可以坐下来安静地看看书、读读报，陪着孩子一起学习。孩子在做其他事情的时候也一样，父母不要干扰他，让他静心地做，这样他才会全神贯注。父母干扰过多的话，会让孩子心烦意乱，三心二意，这样是做不好事情的。当孩子心情烦闷的时候，父母要帮助他疏通，让他尽快回到轻松愉快的状态上来，这样他在做事情的时候才会认真、细心。

步骤三：培养孩子良好的学习习惯

平时父母在帮助孩子检查作业时，发现错误的题大多及时地给他指出来，这样做让孩子养成了依赖思想。当他一个人单枪匹马地去参加考试的时候，总是错误百出。父母应该教会孩子在做完作业的时候，自己检查错误并改正。如果他因为自己不认真检查，最后出错，必然会受到老师的批评，这样也会促使他吸取经验教训，下次好好检查。长期坚持下来，就会形成一种好习惯。

父母平时也要注意观察，看看孩子马虎的问题出在哪里，是审题不认真，还是不认真检查。如果是审题不认真，父母应该教会他正确的审题方法，耐心认真地读完题目，理解题意再去答题，这样孩子的错误就会少很多。父母一定不能心软，不能松懈对孩子的要求，只有持之以恒地坚持下来，他才会逐渐地养成细心的好习惯。

步骤四：培养孩子的责任心，发掘他的兴趣之所在

父母平时可以要求孩子帮助做一些力所能及的家务活，及时地提出表扬，肯定他做得好的地方，纠正他做得不好的地方，这样可以逐渐地培养孩子的责任心。有了责任心，孩子就会负起责任来，做事就会变得认真。

父母还要在平时的日常生活中，发掘出孩子的兴趣之所在。所谓兴趣是最好的老师，有了兴趣，孩子们就会对一件事情兴致勃勃、乐此不疲，就会主动地、认真地去学习、去钻研，会把自己的所有心思都用在这件事情上。而孩子对于自己不感兴趣的事情，会心猿意马，难以静心、安心地做，所以也就做不好。兴趣是培养孩子认真细心的一剂良药，父母一定要注意培养孩子的兴趣。

四、培养孩子学会节俭

13 岁的坤坤学习成绩很好，也很聪明，但有一个让父母比较烦恼的缺点：

浪费。不管是在哪里吃饭，坤坤总是喜欢把好吃的夹到自己的碗里，一会儿就堆得像小山一样高。而他又总是吃不完，有时候把自己的碗推给妈妈或奶奶，"我吃不完了。你们吃吧"。奶奶为了他的健康成长，给他订了牛奶，喝了一段时间之后，他就不喝了，说是喝够了，已经不喜欢了。他从来不知道关灯，洗澡时水开得很大，时间很长，批评过他多次，可他就是没记性。

买衣服、鞋子的时候，非名牌不要。他理直气壮地说："我同学的衣服、鞋子都是某某牌子的，我也要，不然的话穿出去多没面子。"他全然不顾家里的经济状况。这才开学不久，他就吵着要手机，说是自己的同学都有。妈妈想了想，给他个手机，联系起来也方便，就答应了，于是决定把自己的手机先给坤坤用。可是坤坤死活不要，说自己要买新的，要能拍照、能听歌、听广播的那种，自己同学买的都是那种。妈妈说，先用着，等以后再买。可他不愿意，还说要是不给买就不去上学了，后来还是坤坤的奶奶看着孙子实在没有办法，拿出自己两个月的退休金给他买了一部新手机。

中国有句古训：成由勤俭败由奢。勤俭节约自古以来就是中国民族的传统美德，是一种良好的习惯。然而，现在的很多孩子都像文中的坤坤一样，不知道节俭，没有这种好习惯。

如今的孩子大多数是独生子女，对于他的物质要求，父母总是有求必应，有些父母甚至还千方百计地来满足孩子不合理的要求，生怕别的孩子有的东西自己的孩子没有。而孩子对于自己想要的东西是一定要得到手，有时候甚至通过哭闹、威胁、发脾气来达到自己的目的。而一旦东西买来了，他也不知道珍惜，看见别人有更好的又要买。吃穿都要名牌，花钱大手大脚，不知道钱是从哪里来的，奢侈浪费已经到了严重的地步。

其实，孩子奢侈浪费习惯的养成，很多是因为父母的教育方式有问题，他们总是过分地满足孩子的物质需求，而忽略了对孩子道德品质的培养。这样孩子就会变得虚荣、爱攀比、爱炫耀，只知道贪图享受，却不能体谅父母的辛苦。

孩子的奢侈浪费不仅仅是花钱多少的问题，更重要的是，时间长了就会让他养成享乐主义的思维模式，只知道索取，不懂得付出，也不愿付出。这样的孩子将来会有什么出息呢？所以，父母一定要让孩子从小就懂得节俭的道理，养成节俭的好习惯。

那么，父母应如何让孩子养成节俭的好习惯呢？

步骤一：给孩子树立节俭的榜样

父母在平时的日常生活中要注意不要大手大脚，该花的钱花，不该花的钱不花，不要买一些奢侈品，东西适用就好，不一定非要买高档的、新的。在家中该节俭的地方一定要节俭，比如可以用洗衣服的水来冲厕所，用洗过菜的水来浇花，一些废弃的盒子可以留着装东西用等等。这样父母就可以用自己节俭的行为来影响孩子。

步骤二：引导孩子树立正确的金钱观

随着物质生活水平的提高，现在父母给孩子的零花钱也越来越多，孩子们钱财的来源也越来越多。很多孩子根本不知道钱是怎么来的，只是知道自己用完了，还可以问爸爸妈妈、爷爷奶奶要。这样得来的钱，孩子当然没有节约意识。父母应该帮助孩子树立正确的金钱观，让他知道钱都是父母通过自己的辛勤劳动，一分一分地挣来的，不是天上掉下来的。这样孩子心里慢慢才有金钱的概念，知道钱是来之不易的，要节约用钱。

步骤三：指导孩子学会消费

孩子一旦手里有了钱，大多数会用来买好吃、好玩的东西。父母要教会孩子如何用钱，教会他选择一些有价值的东西买，做一些有意义的事情。比如可以让孩子用钱来给自己买书，买一些学习用品，也可以把钱捐给希望工程、捐给灾区等等。这样才能让孩子手里的钱发挥真正的价值和用途。父母要教会孩子量入为出，不要看见什么都买，要根据自己的购买能力来花钱。要鼓励孩子学会给自己记账，控制自己的每一分钱。

步骤四：让孩子通过实践来树立节约意识

教育孩子要节约，可以从小事着手，比如不和别人比吃、比穿、比用，要珍惜每一分钱，不乱花钱。在家里，父母要让孩子爱惜桌、椅、柜、玩具等物品，这样才可以用得久，水电要学会节约着用，要爱惜粮食，要控制自己的浪费习惯。这样才能逐渐培养孩子的节约习惯。

此外，父母应该放手让孩子尝试一下自己挣钱的不易。比如说周末的时候可以鼓励孩子上街卖报纸，可以鼓励孩子去帮助一些企业发宣传单挣小费。这样让他通过自己的实践来体会挣钱的不容易，从而懂得节约。

五、培养孩子学会自我激励

旺旺在小学期间的学习成绩就是中上等，上了中学还是这样，没什么改观。在中学学习，他和在小学的时候一样，上完课就早早出去玩，作业马马虎虎地做。在他看来，还和在小学的时候一样学习，自己的学习成绩不会好到哪里，也不会坏到哪里，这样就挺好。所以他就迷迷糊糊地过日子，同学们都热火朝天地学习的时候，他还在操场上打篮球、踢足球。有时候他找同学和他一起玩，同学们都以要做作业、要看书为由拒绝了他，他还在心里嘲笑他们是一群书呆子。

很快学期过半，在期中考试的时候，旺旺的成绩跌入了中下等。但是他没有意识到自己要努力学习，依然和以前一样混着过日子。很多明知是不会的题目也不去在意，觉得没有必要费工夫学，学习的时候也是一知半解的。该玩的时候还是出去玩，该打游戏的时候照打不误。到了期末考试了，旺旺这才发现，自己很多题目都不会，尤其是英语，就连最简单的题目他也不会做。其他的学科，也因为平时听讲的时候就是一知半解的，到了考场上就更没有辙了。所以这次旺旺的成绩是班上的倒数第十名。成绩出来后，旺旺有点欲哭无泪的感觉，他不知道自己要怎么做才能赶上去。

分析上文中旺旺失败的原因，我们就会发现是旺旺自己不思进取的结果，也就是说旺旺缺少了自我激励，新的环境和新的学习模式，他没有去琢磨，看到不好的成绩他也不在乎，得过且过，没有奋起直追，直接导致成绩一塌糊涂。

自我激励是一种习惯内化的结果。在事物的发展变化中，内因总是起着主要的、决定性的作用。在孩子成长的过程中，父母的鼓励和激励也仅仅是外因的作用起着辅助性的作用。最重要的还是要让孩子学会自我激励，自己鼓励自己，自己肯定自己，认为自己是最棒的、最好的，这样他才能雄赳赳气昂昂地前进。所以，父母除了要鼓励和肯定孩子之外，还要提醒他从内心学会承认自己，让他意识到自己真的很棒，然后不断地努力，最后真的变成很棒的孩子。

一个善于自我激励的孩子，必然会有良好的心态，促使自己不断地进步，即使遇到困难和挫折也不能阻碍他前进的信念，这样他就可以充分地发挥自己的潜能，创造出奇迹来。而一个不善于激励自己的孩子，就像没有油的汽车一样，不管别人再怎么推，他还是跑不快、跑不远，最终他会偃旗息鼓。一个善于自我激励的孩子，即使他现在各方面的条件并不比别人优越，但是他通过自己的努力，通过自己激励自己不断成功，最终也会超过那些原本各方面条件都优于他的、不思进取的人。所以说，父母要鼓励孩子学会自我激励、给自己喝彩，这也是一个成功孩子必须具备的素质。

那么，父母应如何鼓励孩子学会自我激励呢？

步骤一：改变表扬用语的主语

孩子因为年纪小，意识不到自我激励的重要性，喜欢依赖于父母的表扬和鼓励，父母应该通过日常生活的一些用语来改变孩子对他人外部赏识的依赖。最好的办法，就是父母在表扬孩子的时候改变主语，把"我"改成"你"，把父母对孩子的表扬和肯定变成孩子对自己的表扬和肯定。比如把"你在今天的演讲比赛中表现很棒，我真为你感到骄傲"，改为"你在今天的演讲比赛中表现很棒，你一定为自己感到骄傲"。这种表述可以让他认为自己这样做是很棒的，是值得肯定的，尽管去除了父母的肯定，但是却让孩子得到了自己的肯定，下次再遇到这类事情的时候，他就会强化自己的行为，会做得更好。

步骤二：让孩子认识到自己的优点，鼓励自己表扬自己

每个孩子都有自己的优点和缺点，要让孩子认识到自己的优点，多看自己的优点，提醒他学会肯定自己，学会鼓励自己，学会表扬自己。比如，孩子有些胖，他需要减肥，今天他特别想吃炸鸡翅，但是想着吃了会变胖，就使劲控制自己了，最后还是没有吃。这时候父母可以告诉他："你真棒，你应该对自己说：'我能行，我能控制好自己，我一定能减肥。'"这样不仅表扬了孩子，也让孩子意识到自己的行为是多么正确，自己应该为自己今天的表现感到高兴。当孩子受到挫折的时候，父母要帮助他调整心态，要让他认识到自己还有很多优点，那是别人不及他的地方，这样有助于他自我激励。孩子习惯了不管在做什么事情都自我鼓励的时候，他就离成功更近了一步，当他感到难过、失望的时候，他也会在心里告诉自己："没有什么，我一定能够坚持，能做到最好！"

步骤三：帮助孩子确定自我激励的目标

当一个孩子为自己记不住一篇课文而烦恼的时候，父母应该告诉他："我小的时候刚开始也是记不住，后来静下心来努力去记，结果就背会了，并且不再忘记了。我相信你也一定能做得到。"这样孩子在心里就有了自我激励的目标，很快就会完成任务了。不管孩子遇到什么困难，只要有一个目标，又善于思考，通过自己的努力，他就一定能实现自己的目标。

步骤四：强化孩子的自我激励

当孩子学会了自我激励，父母就要及时地引导孩子让他把对自己的肯定记下来，加以强化。可以让孩子给自己写信、写日记，或者是给自己设计一份小奖品，来激励自己通过努力而获得成功。这样可以让孩子明白，通过自己的努力而获得成功是对自己的一种最好的褒奖。有时候也可以让他把自己给自己写的信或者写的日记拿出来看看，尤其是在没有动力的时候，这样通过汲取以前成功的力量，他又会重新投入到新的战斗中。

步骤五：父母要保护孩子的自尊心

不少父母在孩子犯错误或者不思进取的时候，总会采取打骂或者责罚的手段，这样不仅会让孩子的自尊心受到伤害，还会打击他的自信心，这样他就真的会变得不思进取。正确的做法是，父母要多听听孩子的想法和意见，要与他及时沟通和交流，鼓励他勇敢地表达自己的想法。这样不仅让孩子能感受到父母的爱和尊重，也会让他有了前进的动力，积极地自我激励。

六、培养孩子学会独立

逸逸今年 12 岁，马上就要小学毕业了。妈妈打算让逸逸上初中之后就住校，因为中学离家比较远，免得孩子每天来回跑得辛苦。但是逸逸目前的表现有点让妈妈担心。

直到现在，逸逸还不会系鞋带。有一次，妈妈看见他的鞋带散了，就问他，怎么不自己系上，他说自己不会系。这时候妈妈才想起来，每天早晨逸逸的鞋带都是奶奶帮助系的，爸爸妈妈工作忙，一大早就赶着上班去了，只有爷爷奶奶在家照顾孩子。长这么大，逸逸还没有自己洗过衣服、袜子，有时候他看着奶奶辛苦地拖地，想帮忙，奶奶总是怕累着他。长这么大，逸逸还没有独自买过东西，买衣服是爸爸妈妈陪着，买文具之类的是爷爷奶奶陪着，有时候也是爸爸妈妈直接买好了给他。时间久了，逸逸都不知道怎么去买东西。一次，奶奶在家赶着做饭，没有酱油了，想让逸逸下楼帮她买瓶酱油，但是逸逸拿着钱对奶奶说："奶奶，我还没有自己买过东西，我不知道该怎么和人家说。"奶奶想想也是，于是关掉火自己下楼去买了。

逸逸的胆子很小，一个人在家他会觉得怕，打雷的时候他也害怕。长这么大，他不敢学着自己骑自行车，因为怕摔着，每天上学还是爷爷骑着自行车送他去学校。为此，同学们都嘲笑他，说他还像没有断奶的孩子一样，他自己也觉得很自卑。

生活中像逸逸这样的孩子不在少数，马上升入初中了还没有一点独立生活的能力。

独立生活能力是一个人生存、发展的最起码、最基本的能力。每个孩子都不可能在父母的羽翼下生活一辈子，他会长大，会离开父母温暖的怀抱，独自面对生活中的风风雨雨。所以，父母应该从小就培养孩子独立生活的能力。

但是，现在的父母都一心望子成龙，只注重孩子智力的投资和开发，却忽略了培养他独立生活的能力。他们把孩子力所能及的事情大包大揽到自己的身上，让孩子一心管好学习就行了。这样培养出来的孩子都是高分低能的人，离开了父母就无法自己生活。因为他在父母的呵护下过惯了衣来伸手饭来张口的生活，他就会对父母越发依赖，缺乏独立性。因为体会不到生活的艰辛，他还会养成贪图享乐的坏习惯，有些孩子以后甚至还有可能走上犯罪的道路。

在这点上，中国的父母应该学学德国的父母。在德国，1岁多的孩子基本上都是自己吃饭，几乎看不到父母端着饭碗追着孩子喂饭的情景；6～10岁的孩子要帮助父母洗碗、扫地和买东西；10～14岁的孩子要参加修剪草坪之类的劳动。而再看看我们自己呢？相信很多父母会陷入沉思中。

非智力因素的心理品质与健全人格的欠缺，是现在独生子女面对的一个非常严重的问题。父母在让孩子搞好学习的同时，应该鼓励他锻炼自己独立生活的能力，不要娇惯他，这样才是真正的爱，才能给予孩子健全的人格和自信的人生，才能让孩子开创属于自己的一片蓝天，在自己的天空中飞得更高更远。

那么，父母应如何做才能提高孩子独立生活的能力呢？

步骤一：允许孩子自己动手做些力所能及的事情

孩子在看见父母做事情的时候都有尝试的欲望，不少父母总是担心自己的孩子做不好，所以连尝试的机会都不给他，这样会打击孩子的自信心。父母应该放手，允许孩子做他喜欢的力所能及的事情。尽管做得不好，但是经过不断的尝试和锻炼，他才会提高对事物的认识，才能做得越来越好；如果不尝试不锻炼，他永远也不会做。要鼓励孩子自己尝试在家里洗碗、扫地、洗衣服，父母要有耐心，要不怕麻烦，由着孩子自己去做，只有这样他才能在劳动中经受锻炼。要让孩子学会自己的事情自己处理，还要让他学着为家庭成员服务，为大家做些力所能及的事情，只有这样才能培养孩子独立生活的能力。

步骤二：用心去欣赏、鼓励孩子的进步

孩子不管做什么事情都希望得到父母的认同，希望听到父母的表扬，这样他就会树立信心，继续努力。父母要学会用心去欣赏孩子，发现他身上的闪光点。在孩子完成一件事情的时候，不管好与坏，父母都要给予及时鼓励，要看到孩子在做这件事情的时候付出的努力，不要光看结果。只要认真观察，每个孩子都有他值得赞赏的地方，父母要及时指出来并给予引导。这对孩子来说是极其重要的，是他继续奋进的动力，也是培养他独立生活能力的手段。

步骤三：赋予孩子一定的家庭权利，让他学着承担责任

父母总觉得孩子还小，还不够成熟，因此总是不给他行使权利的机会，这样他就永远也学不会独立，对大人的依赖也会加深。父母应该赋予他一定的家庭权利，培养他的责任感。比如父母可以赋予孩子经济支配的权利，让他学会支配自己的零花钱，学会记账，学着消费，这样逐渐地还可以培养孩子的理财能力。在家庭会议中，要允许他发言，这样不仅可以锻炼他的思维能力，还能锻炼他的交际能力。在日常生活中，还要培养孩子的责任感。有责任感的孩子才能有动力，才能更好地独立生活，将来走上社会，才能适应社会的发展需要。

第三章
别让坏习惯毁了孩子

一、父母是孩子的第一任老师

父母是孩子最亲近的人，也是孩子最为信任的人，父母是孩子的第一任老师。作为父母，当你面对孩子时，你可能会忽视自己对孩子的榜样作用，毫不顾及自己将在孩子面前扮演的角色。这是你所犯的一个很大的错误，这个错误可能会让你失去做父母的资格，痛悔终生。

父母自身的行为在教育上具有决定意义。不要以为只有父母同孩子谈话，或教导孩子、吩咐孩子的时候，才是在教育孩子。其实，在父母生活的每一瞬间，都在教育着孩子。

小宝贝天生就会模仿

有坏习惯，不可怕，每个人在成长的过程中都会遇到。在孩子的成长中坏习惯可能就更多了，因为他们还不了解真正意义上的对或者错。这些要靠父母来告诉他们。但是单纯的只告诉他们对与错是不够的，如果自己没有去遵守对与错的标准则说教效果会大打折扣。父母也许不知道，自己的这些坏习惯正在引导孩子，因为宝宝们也在"看事做事"。

坏习惯1：工作繁忙压力大，回到家看到4岁的女儿不时地又吵又闹，你终于忍不住大吼起来："怎么老是哭啊哭啊！别哭了，真是个烦人精！"

坏习惯2：结婚多年，你和爱人经常为一些"为什么买鸡不买鸭"之类鸡毛蒜皮的小事，当着女儿的面吵翻天，事后又言归于好。

坏习惯3：你辛苦工作，勤俭持家，舍不得给自己买新衣服，可是对儿子却很大方，他要奥特曼、要超人都照给不误，也不叫他节省。你想：独生子女社会，不就是为了一个孩子吗？

坏习惯 4：每天你下班回到家里，总是习惯性地问女儿："今天在幼儿园里过得怎么样?"一边问，一边就忙着做饭，整理房间，或者看报纸。

坏习惯 5：你儿子为争夺玩具而跟别的小朋友吵架，你罚孩子一星期不许玩玩具。几天后，你意识到自己对孩子的惩罚有些过重了，可是你想："父母言行要前后一致。"于是说服自己，不想把自己的话收回。

坏习惯 6：家里电视机坏了，你请儿子的舅舅来帮忙修理。到了约定的时间，舅舅却打电话说有急事来不了了。你挂断电话，对孩子抱怨："你舅舅太不守信用了! 以后再不找他帮忙了。"

坏习惯 7：晚饭后，女儿吵着要你给她讲故事，可你总是不停地忙着其他的事情：整理房间，回复邮件或者查看一些信息；刚要坐下讲故事，忽然又有其他事情要去处理了。

坏习惯 8：你和儿子排队在超市等着付款。一名妇女插队站在了你的前面。你要求她到后面排队去。但是她对你的话置之不理。于是你提高嗓门，与她理论，最后争吵了起来。

教育孩子要有正确的方法和心态

为什么父母的苦心付出不能得到良好的回报? 当真我们的孩子都是白眼儿狼吗? 如果你是一个充满困惑的家长，又或者你是一个不希望未来遭遇这种困惑的家长，请你和我们一起，拨开这团困惑的迷雾，看到迷雾后面藏着的真相。中国完形教育著名的亲子教练陈鹏宇老师经过大量案例的积累，探究出父母是如何用自以为是的爱，毁掉原本自信快乐的孩子的 9 条共性问题，您不妨对照一看。

1. 寄予孩子很高的期望且追求完美。通常的说法是期望越高失望越大，为了不使自己失望，只能给孩子不断地施压。在这种情况下，孩子会迎合家长、迎合老师甚至迎合社会评价成为一个"优秀"的孩子! 这样的优秀，往往忽略了孩子本身的需求。

2. 拿自己的孩子跟别人比。这是所有家长的通病。鹏宇老师说：当你把"比较"的枷锁套给孩子，孩子就永远无法幸福。

3. 有条件地满足孩子的需要。你考第一名就给你买旅游鞋，你进入前五名我们就全家去旅游。很多家长都把这个视为一种对孩子合理开明的奖惩举措。殊不知，这带给孩子潜意识的讯息是：符合爸爸妈妈的标准，才是被爱的。然后孩子会为了得到父母的爱付出失去自己的代价。

4. 数落孩子的不是。家长最乐意数落孩子、教导孩子。教导是每个家长都尤其热衷的一件事情，有人从教导中感受到自己的威严，有人从中体会征服的快感，完全不管孩子是在嘴上服气，还是心里服气。然而，最好的教是"不言之教"。数落孩子的不是，不是让孩子失去自信就是让孩子丧失自尊。

5. 预言孩子没出息。预言孩子没出息有两种后果：一是你越说他没出息，他越没出息，完全丧失斗志和学习能力，最终实现你的预言；另一种孩子，你越说他没出息，他越要证明自己有出息，但是一辈子活在"证明"中，失去自我，也丧失了生活的智慧和让自己幸福的智慧。

6. 代替孩子做选择。孩子的心理独立期有三个阶段，分别是 3 岁、9 岁和 12 岁。小的时候，孩子自己吃饭，父母应关怀而不干涉，不要说"你都洒到衣服上了，我来喂吧"！再或者孩子想穿什么衣服你也要代为选择。还有不声不响为孩子报了钢琴班，都是不智之举。

7. 限制孩子做他想做的事。父母喜欢说不要这样，不要那样；然而孩子的天性是你越不要我这样，我越要这样！

8. 总是担心孩子。不认为孩子有控制能力，不认为孩子其实可以控制自己。所以，你得到不想要的结果最好的办法，就是去担心。你担心孩子早恋，孩子一准早恋；你担心孩子患上网瘾，孩子一定患上网瘾。

9. 不相信孩子。不相信孩子的根源是父母不相信自己。当孩子对妈妈说：没事，我一个人在家写作业，你去忙吧！妈妈一关上门就想，孩子一定在家玩电脑呢！这样的反应会让孩子觉得父母不信任我、不喜欢我、不尊重我！不相信孩子就是在毁灭孩子的自尊。父母总是努力把自己的孩子朝着成功的方向培养，致力于培养孩子成"才"，而忽视了孩子要先成"人"的问题。

二、预防电视变"毒药"

电视并不是孩子的"毒药"。那种认为孩子看了电视要么就会变坏了，要么学习成绩会下滑等观点是不科学的，预防电视成为"毒药"关键还在于成年人的引导和帮助。父母一定要想办法多抽时间陪伴孩子，这样才能建立起和谐的亲子关系。如果父母过于忽略孩子，让电视成为孩子的"保姆"，那么他沉迷电视的可能性就会更大一些。

一项调查显示，儿童平均每天看电视的时间为 55.5 分钟，在周末孩子看电视的时间远远多于平日，平均每天看电视时间将近两个小时。难怪父母越来越担心孩子看电视太多了。现在对于看电视不是"该"与"不该"的问题了。无论我们认为孩子该看还是不该看，他们都是要接触电视的。这是因为电视已经进入亿万中国家庭，在现代社会里，没有电视的生活已不可想象了。这一代的少年儿童多数是在电视机前长大的，让他们离开电视几乎不可能，他们爱上电视也是必然的。父母想让孩子不看电视可能吗？

孩子为什么爱看电视，有的甚至到了痴迷的地步？这是因为看电视比学习轻松，看电视的时候孩子处于放松状态，可以不动脑筋，而且充满了乐趣；电视节目也越来越精彩，很容易把孩子迷住。

美国的传播学家施拉姆在考察了几千名儿童的电视活动后，将儿童的电视需要分为三类：一是满足娱乐需要。孩子因为看了电视而感到兴奋，或者发泄了情感，排遣了郁闷等等。二是满足获得信息的需要。孩子的着装、打扮、散步、交谈、运动等等，都可以从电视上得到相关的知识。三是满足社会交往的需要。有的孩子可以在电视节目里找到社交的共同话题。专家学者们认为我国儿童爱看电视，是为了满足五种需要：情绪刺激需要、缓解焦虑需要、学习需要、交往需要、消磨时间需要。因此，我们成年人不要一味地认为电视就是十恶不赦的大坏蛋，一提起电视就恨之入骨。孩子们需要电视，看电视也是他们的正当权利。

但是家长要把握好孩子看电视的时间，不要让孩子患上电视病，形成"电视上瘾症"，适当看电视还是可以的。

为了引导孩子正确对待电视，避免看电视上瘾，父母该做些什么呢？有时父母觉得束手无策，心里紧张又不知该怎么办，管孩子会引起矛盾，不管心里又着急。

其实，每一位父母都希望电视对孩子有积极的影响。要做到这一点，父母首要的任务是建立良好的家庭关系，它给孩子带来的是安全感。这样，孩子在遇到困难或者挫折时就不至于选择逃避，或者依赖电视来发泄情绪。有很多沉迷于电视的孩子都是因为在现实生活中感到失败。如果父母与孩子关系和谐，一家人每天都心情舒畅，有说有笑，孩子即使看电视，也不至于沉溺其中。

成年人工作压力大，事务多，往往很少有时间陪孩子，这样，有时候电视就充当了陪伴孩子的角色。在孩子小的时候，有时为了让他安静、不哭闹，大人就会打开电视。这样，孩子被电视里的内容吸引，就不会老缠着大人了。现在，孩子虽然大了些，可因为工作忙，常常还是电视陪伴孩子的时间比我们做父母的多。

千万不要让电视变成孩子的保姆。父母一定要想办法多抽时间陪伴孩子，这样才能建立起和谐的亲子关系。如果父母过于忽略孩子，他沉迷电视的可能性会更大一些。

父母在指导孩子看电视的时候，关键在于选择。父母要特别注意不能放任孩子，不要让他乱看，想看什么就看什么，以免他会盲目地、随意地找一些并不适合他的节目来看。我们不主张孩子看太多情节复杂的成人节目，比如言情片、武打片、警匪片，因为孩子往往很难正确理解。

有些父母非常苦恼自己不能控制遥控器，孩子只要一看起电视来就没完没了，常常不能遵守时间。遇到这种情况，父母就应该和孩子一起制订看电视的规则。既然是和孩子一起制订的，大家就要遵守，不能违反，一定要说话算话。如果孩子违反了，就要有处罚措施。比方说只要超过时间，那就以后两天不能看电视，或者一个星期都不能看电视来作为处罚。一定要让孩子遵守规定，做到说话算话，让孩子自己对自己负责。对于那些不遵守规则、用哭闹来威胁父母的孩子，可以采取暂时冷处理的办法，对他们的哭闹不要理睬。同样，父母也要遵守规则，不能高兴了就让孩子多看半个小时、一个小时，不高兴了就不让孩子看电视。

要求孩子有节制地看电视，父母当然要以身作则。现实生活中确实有些父母缺乏其他消遣爱好，将大量的空闲时间都花在电视机前。建议父母多培养健康的爱好，如爬山、散步、听音乐、读书、画画等，这样才能让生活更丰富。父母还可以让孩子用读书、做作业或做别的有意义的事情来交换看电视的时间。如读了两本书，可以看电视30分钟，做完作业得15分钟，换来的时间可以到周末兑现，如果家务和作业都做完，当晚兑现也是可以的。

三、"玩耍"是孩子的天性

玩对孩子的成长意义重大。孩子从"自然人"过渡到"社会人"，主要是通过玩耍来完成的。对于孩子的成长来说，休闲的意义重大。休闲就是自由选择的放松状态与活动，做自己想要做的事情。对于孩子来说主要的休闲方式就是娱乐、游戏与玩耍。可在一些望子成龙的父母眼里，玩和学习是互相矛盾的。在一些人看来，休闲只是成年人的权利，因为成年人要工作，工作很辛苦，所以要通过休息来恢复精力和体力。而小孩子有父母抚养，衣食无忧，不用为生计奔波。生活在这样好的条件下，还需要休闲吗？孩子如果不好好学习，能对得起终日奔忙的父母吗？而实际上，休闲也是儿童的权利。

休闲也是孩子的权利

生活中有很多人学习好，同时也很会生活、会休闲，其实这两者并不矛盾。有一个女生叫王丽薇，是市重点高中的尖子生，她初中毕业后就考进了市重点高中。她很会学习，也很会休闲：学习时她勤奋刻苦，讲究效率，休闲时也巧妙安排时间，活动内容很丰富。她要求自己每周坚持读一本课外书，这样每年就可以读 52 本课外书；每天听半小时音乐，因为音乐既可以对提高记忆力有帮助，又可以锻炼毅力和耐力；每周都要有下棋、打乒乓球、去公园的时间；周末还要跟妈妈学做家务……她不做那种书呆子型的学生，而是学会了驾驭时间，体验生活中的乐趣。她觉得这样的人生才更有意义，这样的人也才更有魅力。

休闲是无条件的、自由的娱乐，做家务、上市场购物、去医院看病等活动都不属于休闲。休闲对于人的发展有多种价值，可以放松心情，满足个人需要和兴趣，扩展知识和生活经验，增进个人身心健康。

别让孩子成为"不会玩的一代"

我们今天的不少孩子可以说是缺乏休闲知识和休闲技能的。这样的孩子，长大以后难以积极休闲，无法快乐地享受人生，更难以形成健康的人格。

除了日常的双休日和每天的课余时间外，孩子能够休闲的最集中时间就是寒、暑假了。但很多孩子每到了寒、暑假却特别烦躁，还有的孩子不喜欢放假，认为放假太无聊。一位父亲说他的孩子："本来就不爱出门，到了暑假就成天待在家里，看书看电视。我们原来也没觉得有什么不妥，但是假期过了一半就发现她老是疲疲沓沓的，一点儿精神也没有。我想这可能是孩子在家里憋的……"为什么好不容易有了假期，孩子却不快乐呢？

这主要有两方面的原因：一是缺乏休闲场所，二是孩子缺乏休闲意识、技能和知识。

想起我们小时候的游戏，非常丰富，那么多好玩的，到现在大家聚在一起谈起来还津津乐道。今天的孩子可以说是缺乏休闲知识和休闲技能的一代。这样的孩子，是无法真正长大成人的，长大以后也难以积极地休闲，无法快乐地享受人生，更难以形成健康的人格。曾经看到报纸上的一则报道说，一家由在校大学生组织的家教中心接到 30 多位学生父母的电话，要求找大学生家教每天 8 小时陪孩子过暑假，这 8 个小时中除了补课、预习外，还特别增添了上网、看电视等项目。由此可见，该怎样让孩子玩些书法等项目成了很多家长难以逾越的门槛，很多人不称职。

这些在校大学生不会玩，为什么呢？在一家外企工作的周先生，准备为将要上二年级的女儿请一个家教，条件就是除了每天两个小时学习时间外，还有 6 个小时陪玩。但"玩"的内容，周先生很失望，原来这些在校大学生会玩的内容就是上网、看电视、玩电脑游戏，而周先生对"玩"的设想内容很丰富，包括弹钢琴、朗诵、各种体育锻炼、唱歌跳舞等等。

休闲应该让孩子说了算

没有快乐玩耍，没有自主休闲，没有童年的孩子，将来难以成长为一个幸福的人。

前苏联的一个教育科研部门曾经做过一次有趣的科学实验，他们找来几十位年龄不同、性别不同、职业不同的成年人，发给他们同样的材料——铜块，同样的工具——钢锉，同样的辅助材料——台钳、卡尺，向他们提出同样的要求，让他们把铜块锉成一个正方体。虽然每个人获得的材料都是相同的，要求也是相同的，工作条件也是相同的，但做出来的正方体却有很大差别。检查发现，只有几个人制作的正方体符合标准，其余的大部分人的作品都不合格。研究者对那几个作品合格的人进行了全面的调查，想发现其中的共同点。但是，他们的年龄、职业、性别、爱好、性格等各方面都找不出共同点，拿他们与那些作品不合格的人比较，也没什么显著不同。是什么原因导致了这几个人的作品合格，而其他人的作品不合格呢？后来，研究者们终于发现了，这几位制作技术好的人在中学阶段都曾经参加过学校活动，有的人参加过少年宫的手工制作小组，有的人参加过航模小组，有的人参加过泥塑小组，有的人参加过刺绣小组……这说明接受过动手训练的人能按照一定的要求正确地使用工具，自我控制能力也比较强。

休闲的本质就是自主选择，孩子的休闲也是一样的。但是，现在的一些父母却因为学习的原因不让孩子自主选择。例如孩子想玩泥塑，妈妈就会阻止，因为将来考试又不考泥塑。

父母们还有一个值得注意的想法，就是往往认为孩子小时候的任务就是该多学习，等将来考上大学，有了好的工作以后，孩子怎么休闲都可以。也就是说，在父母的眼里，孩子是属于明天的，只有吃了苦中苦，才能成为人上人。这样，父母有可能培养了一个出色的人，却难以培养一个幸福的人。但是，孩子属于明天，更是属于今天。

四、言传更要身教

父母是孩子的第一任老师，是和孩子接触时间最多的人，父母的言传身教对孩子的影响是深远的。孩子生下来本是一张白纸，他们本能地模仿和他们接触时间最长、与他们最为亲近的人——父母，孩子表现出来的一些个性品质总能在父母身上找到根源。实际上，随着孩子的成长，父母的形象往往成为子女"自我形象"设计的参照物。

家庭教育中父母一定要为孩子树立良好的形象，孩子在童年时期个性、品德逐渐开始形成，此时孩子的主要学习方式就是模仿，而这种模仿又是没有选择性的，因此父母的行为方式会直接影响孩子，甚至被孩子全盘接受。我国有句古语："养不教，父之过。"这也充分说明了家庭教育在孩子成长过程中所起到的重要作用。

重视言教而忽视身教

"身教胜于言教"，这是古训，是我国传统家教的重要经验，很值得我们现在的家庭教育发扬光大。目前有不少家庭教育忽视身教，有的甚至只是重视言教，而忽视身教。

有些父母，言行不一，对孩子的习惯养成危害甚深。这里不妨看两个生活镜头：

一位年轻的妈妈和儿子在公园里玩耍，妈妈指着地上的易拉罐对儿子说："看，易拉罐到处乱扔，多不卫生！"然后将其一脚踢开。

一位父亲教女儿背古诗。父亲："锄禾日当午，汗滴禾下土。"女儿："爸爸，我手里的面包吃不了啦！"父亲："那就扔掉吧！"

父母言行不一，是无法给孩子起到示范作用的。

对子女的日常教育，行动的力量是无穷的。父母是孩子的第一任老师，我们的言行无时不影响着孩子，但在语言和行动两个方面，后者的威力就更大了。给心灵一个轻松的空间，就会有一个愉悦的面容展现在人流中；给孩子一个轻松的空间，就会造就一个健康的新青年。用我们的思想来主宰我们的灵魂，用我们的行动来教育子女的成长。

有的家长在孩子面前常常言而无信。例如，孩子哭闹时，父母常用许诺来哄孩子："别哭了，回头妈妈给你买支冲锋枪。"尽管这样说了，家长并没想到兑现。孩子的一次次希望都成了泡影，久而久之，孩子不仅逐渐失去了对家长的信任，慢慢地也就学会了说谎。

家长对孩子必须言而有信，以诚相待，这样，孩子才会信任家长，有什么事、有什么想法都愿意告诉家长。因此，家长和孩子形成真诚和互相信任的关系，是培养孩子诚实品质的一个重要条件。

只要求孩子不要求自己

孙路一进家门，就看见儿子拿着瓶啤酒自斟自饮，已经喝得满脸通红了。他冲上前，生气地夺下酒瓶："好小子，你还喝上啤酒了！"儿子挥挥手："有什么了不起，喝点啤酒算什么呀，你不整天喝吗？"

儿子借着酒劲毫不屈服，先是让孙路有些不知所措，转而就是火冒三丈："反了你了，还敢说你爸了！"说着，抬手就是一巴掌。

父母要重视自己在孩子面前的榜样作用，凡是要求孩子遵守的行为准则和规矩，父母首先要做到，才能理直气壮地要求和督促孩子，孩子也就会心服口服。

当孩子指出父母的错误时，父母应该首先欣慰地认识到，孩子有了自己的认识能力、辨别能力，他的心智越来越成熟了。并要像要求孩子那样，虚心听取孩子的意见和批评，承认自己的错误。

要求孩子诚实，父母却做不到

有个叫佳佳的孩子，本来非常诚实可爱，但到 8 岁左右就变成了一个好说谎话的孩子。原因何在呢？原来是受她母亲的影响。

佳佳母亲道德修养差，还爱占小便宜。一次，她带佳佳去买水果，趁卖主未看见，拿了几个梨放在自己提兜里。这情景佳佳看在眼里、记在心上。在家，佳佳妈妈总让婆婆做这做那，自己则借口出去办事，其实是领着佳佳去朋友家串门或上街闲逛。每当买回好吃的东西，佳佳母亲总是藏在自己房间里，同孩子一起吃，不让婆婆吃。她还叮咛佳佳："奶奶问时，你就说什么也没买。"妈妈的所作所为，对佳佳的影响极大。不久，佳佳也成了爱说谎话的孩子。

父母是孩子的榜样，父母的言行直接影响孩子的行为，诚实也是父母的本分。

要想让孩子不说谎，父母也要把住"谎从口出"的关。为培养孩子诚实做人，家长要为孩子做出好榜样。如果要求孩子拾金不昧，家长就不能将捡到的物品据为己有；如果要求孩子不说假话，家长就不能哄骗孩子。不然，孩子是难以形成诚实品质的。

五、把对孩子的爱建立在理智上

一切教育都是理性行为，家庭教育也不例外，而且是充满情感的理性行为。如果情感冲淡理智，甚至失去理智，就必然发生违背规律的非教育行为，甚至于反教育的行为，达不到教育的效果。而这是目前家庭教育中比较普遍的一个问题。

比如，有的父母认为"棍棒之下出孝子"，"不打不成人，不打不成才"，"打是疼，骂是爱，气极了，拿脚踹"，"三天不打，上房揭瓦"等；有的父母对孩子要什么给什么，喜欢吃什么就给什么吃，一味迁就、溺爱孩子等；有的父母对孩子的行为不加约束，任其自然发展。

过分溺爱娇惯孩子

当今做父母的大都知道溺爱孩子有害，但却分不清什么是溺爱，更不了解自己家里有没有溺爱。

孩子在家庭中的地位高人一等，处处特殊照顾，如吃"独食"，好的食品放在他面前供他一人享用；做"独生"，爷爷奶奶可以不过生日，孩子过生日得买大蛋糕，送礼物……这样的孩子自感特殊，习惯于高人一等，必然变得自私，没有同情心，不会关心他人。

孩子要什么就给什么。有的父母还给幼小的子女很多零花钱，孩子很容易得到满足。这种孩子必然养成不珍惜物品、讲究物质享受、浪费金钱和不体贴他人的坏性格，并且毫无忍耐和吃苦精神。

这样在百依百顺的环境中长大的孩子，当步入社会以后，或是在复杂而正常的社会生活中会失去生活的勇气，或是走上反抗社会、铤而走险的道路，如此反而害了孩子。因此，家长不要过分溺爱自己的孩子。

外国有这样一个故事：一个四口之家，有父亲、继母、前妻所生之女和继母带来的女儿。继母一反常态地对前妻所生之女十分娇惯，让她过着悠闲自在、舒适安逸的生活；而对自己所生的女儿却严加管教，让她成天在田里劳作，劳累终日，毫不怜悯。于是这位继母受到了村民的崇敬。后来，有一位年轻英俊、聪明勇敢的王子，对继母所生的勤劳善良、心灵手巧、聪明智慧的女儿一见钟情，而轻蔑地拒绝了前妻所生的娇惯、愚笨、游手好闲的女儿的求爱。至此大家才明白了这个不寻常的继母的害人之意。这则故事说明，不同的爱会得到不同的结果。继母对前妻之女的爱，实际上是一种迫害，过分宽容和放纵，表面是爱，实际是害了她，而对自己生的女儿才是真正的爱。

父母在教导孩子时，一定要把爱建立在理智的基础上，要掌握好爱的分寸，同时要把爱和管教结合起来，做到爱而不娇，教而有方。千万不能溺爱孩子，娇惯孩子。

六、教育方式忌简单粗暴

在中国，自古以来父母对孩子最拿手的教育方法就是打。"打是亲骂是爱，不打不骂是祸害"，"树不修不成料，儿不打不成才"，"棍棒底下出孝子"，这都是历史上相传的教子经验。孩子犯了错，一些脾气暴躁的父母在恨铁不成钢的恼火下，失去理智地对孩子进行打骂，想以此来促使孩子改正错误。

然而，打骂这种粗暴的教育方法，不但不能达到父母的教育目的，而且会使孩子形成说谎、冷漠、孤僻、仇视、攻击等心理问题。而这，往往会成为孩子日后不良行为，甚至走上犯罪道路的根源，也会造成孩子出走、自杀等终生憾事的发生。

心理学实践证明，存在心理问题的孩子，大多是因为父母采取了"单向教育"，他们不了解孩子的内心，刻板地说教、粗暴地打骂、无情地强制、给予精神上的虐待，不仅恶化了亲子关系，还让孩子丧失了安全感和归属感，从而影响孩子的身心健康和个性的健全发展。

当孩子犯了错误的时候，父母应耐心细致地做好孩子的思想工作，告诉他哪儿错了，为什么错了，同时还要告诉他，同样的错误不要重犯，要及时地纠正，要吸取教训。切莫用简单粗暴的方式对待孩子，只有这样孩子才能健康成长。

父母教育孩子的错误观念以及由此导致的错误家教方法，不仅不能纠正孩子的缺点，反而影响孩子的健康成长。而一味批评和指责，认为"棍棒出才子"，企图用这种压力迫使孩子改正缺点、错误的想法也是错误的。这种做法，往往使孩子越来越没有信心，结果只能是情况越来越糟。

在现在社会中，任性可以说是独生子女的通病。任性当然不对，但又不能靠

"棍棒"来解决问题。

　　5 岁的芳芳聪明可爱，乖巧的时候，也着实惹人喜爱，能歌善舞，语言表达能力强，在家里，爸爸妈妈、爷爷奶奶、姥姥姥爷都争着疼爱她。可是，芳芳有一个很大的问题——太任性。在家里随心所欲，什么事情都得依着她，稍不如意，她就会大发脾气，哭闹不止，谁的话都不听。为此，她的父母伤透了脑筋。尽管他们一再告诫她"你下次再也不许重犯了"，可不愉快的事情还是不断发生。这天一大早，妈妈因为着急去上班，就匆忙帮芳芳把尿盆倒掉了。芳芳的脾气立刻又上来了，号啕大哭："你为什么要倒尿盆？这是我自己的事情！"她的脾气越来越大，没完没了，眼看着妈妈上班要迟到了，那也不行！最后还得是大人让步，哭得一抽一噎的芳芳，拿着尿盆走进厕所，从抽水马桶里舀回"该自己倒的"尿，重新倒一遍，才算完事。

　　任性作为一种不良的性格，除了与天生的秉性有关以外，最主要的是与父母的教育方式有关。孩子小的时候，常常有不合理的要求，父母觉得孩子小，不懂事，就迁就他，时间长了，就会形成孩子放任自己的心理定式，习惯于按照自己的意愿行事，并要求他人服从自己。所以，父母在养育孩子的过程中，要把握爱的尺度，不要过分地、没有原则地宠爱孩子。

七、重视孩子的内在素质塑造

　　对孩子的教育，既要重智，更要重德育。有的家长，只注重孩子的学习成绩，对孩子思想道德上存在的问题却视而不见，不加以重视，反而一味迁就，致使他们的孩子怕吃苦，没有劳动习惯，处理问题"以我为中心"，对同伴不谦让，不愿帮助有困难的人，对集体不关心，而且脆弱的心理难以承受来自各方面的压力和挫折。

孩子的品德修养需要从一点一滴抓起。家长不能忽视孩子在一言一行中所表现出来的不良道德因素，尤其要重视"第一次信息"。

不注重孩子的品德修养

当前青少年品德修养是德育教育领域的重中之重，属于国家十分重视的育人问题，也是十分棘手的问题。

某中学八年级某班女同学Ａ，因在六年级读书的小弟受同班一女同学"欺负"，于是在一课间带四五个本年级女同学到小弟所在的班级，把"欺负"小弟的女同学打了一顿。小弟的班主任找到学校教育处反映此问题，寻求解决的办法。可是，女同学Ａ承认事实，却拒绝认错。无可奈何，班主任找家长，谁料来的是母亲。母亲并没有协助老师教育女同学Ａ，却支持自己的女儿拒绝认错，之后，气势汹汹离开了学校，甩下一句话："谁敢欺负我女儿，我就和谁没完……"

一会儿，女同学Ａ的父亲伙同几个亲戚来到学校，张口就骂着说："谁欺负我女儿了？"摆出要打某老师的架势，给女儿撑腰……

类似的镜头数不胜数，不胜枚举，如此父母带大的孩子，品德修养会好到哪去呢？

老师和家长应该从小加强孩子的品德修养，从一点一滴做起，从身边的小事做起。

过分重视知识传授、技能培养

传授知识、培养技能跟素质教育有联系，但也有不同。家庭教育的目的应该是提高孩子的素质，培养技能、传授知识只是为培养素质服务，过分重视知识传授、技能培养，往往会逼着孩子学这学那，虽能使孩子学到一些东西，但会使孩子的兴趣失去、心理发展受阻等。兴趣是孩子进一步学习、持续发展、取得成就的心理基础。

我们不要"捡了芝麻丢了西瓜"。这种做法是本末倒置了，"本"是素质培养，"末"是知识传授、技能培养，抓好了"本"，"末"才会好。不是有"纲举目张"

的说法吗？我们不会把网眼一个一个地拉开来，而应该举纲。总之，培养孩子，重要的是观念正确，方法正确。

对孩子出现的不良倾向听之任之

大多数独生子女家庭，生活环境都很不错。物质上的满足往往是无止境的，但母亲总有不能满足孩子要求的时候，因此如果对于孩子的要求不加以正确引导，常会导致不良的影响和后果。

当孩子出现不良苗头时，就要及时纠正，决不可姑息纵容，如果等长成"恶性肿瘤"时才惊慌，施以大手术，那时病毒可能已经扩散全身，为时晚矣，就算能够摘除，也是元气大伤。独生子女的母亲因为孩子的特殊地位，舍不得指责、批评，对孩子出现的不良倾向，认为无关紧要，孩子还小，慢慢就会改正的，于是听之任之。而孩子还没有太多判断能力，既然母亲认可，便更加放任，长此以往，就养成了坏的习惯。

八、让孩子有说话的权利

孩子是家庭的重要一员。可是，许多父母在决定一些事情，尤其是一些重要的事情时往往把孩子排斥在外。是的，生活中纯粹的大人之间的事没有必要让孩子知道，可是还有很多事是应该让孩子也参与讨论的，尤其是涉及孩子的某项决定时。不要以为孩子小，什么也不懂。更不要以为孩子是你的，你就可以随便为他作出决定。

孩子在家庭中对沟通技能、方法的掌握与学习，与孩子未来社会适应能力的高低紧密相连。如果一个孩子从小在家庭中能够同家庭成员很好地沟通，当他步入社会时，他也能很好地与人沟通。

漠视和孩子沟通

平时大家见面，彼此间常常关切地问："最近心情好吗？"可是，却很少有人这样问孩子。

根据一家青少年教育机构的问卷调查，孩子对父母的希望是能够彼此在一起聊一聊天；父母能够和颜悦色一些；孩子感到很寂寞，很孤独，不要一有错就认为是孩子的原因；别把孩子当出气筒，能多陪孩子做做游戏。这个调查结果说明，由于有些父母不太关注孩子的情感需求，只习惯于言词的训导，弄得孩子无所适从，心情压抑，不知道自己的存在价值及乐趣。

为什么相当多的家庭缺少沟通，却丝毫没有察觉呢？因为在中国传统的家庭教育中，缺乏民主的影响太深了，不少家庭对孩子的教育是，批评多于表扬，禁止多于提倡，指责多于鼓励，贬低多于欣赏，威胁多于启发，命令多于商量。在这样的背景下，孩子处于不被尊重的地位，怎么可能产生真正的心灵沟通呢？

家长每天无论多忙都应该留点时间和孩子在一起，注意观察孩子的情绪有什么变化，询问他们有关学校里的事，也让孩子力所能及地参与到家庭事务中来。有时一个微笑、一个充满鼓励的眼神，就能激发孩子的无限生机和活力。

不允许孩子有自己的想法

几周前溪凡要代表学校参加区里的绘画比赛。妈妈让她画在学校得奖的那幅"海底世界"，获胜把握更大一些。可溪凡说："这幅画在学校得了奖，上区里比赛干吗还要画它？我要创作一幅新的。"妈妈又苦口婆心地讲了很多道理，溪凡也没有争辩，但真到比赛的时候，溪凡还是按自己的主意画了别的画，结果却因为准备不足没有拿到名次。妈妈得知结果之后，对着溪凡嚷："你就这么任性！平时，让你听英语你要做语文，让你练琴你要画画，可让你画画了你又要看电视，总想按你自己的想法办。这样的小事就算了。参加比赛这么大的事情，你也敢先斩后奏！这回自己吃亏了吧。看你以后还敢不敢自作主张……"溪凡的眼泪一下子掉了下来。

随着年龄的增长，孩子对世界的认知水平大大提高，独立意识和各方面能力越来越强，孩子开始有了自己对事物的认识、见解和观点，开始要求自己安排自己的生活、学习，这正是孩子长大的标志，是孩子独立意识和自信心的一种表现。

像溪凡这样自己做主却出现了失误，父母也不要呵斥、指责和禁止，而是应帮助她总结这次没有做好充分准备、低估了对手的教训。

利用自己的家长身份压服子女

有些家长在与孩子产生矛盾时，常常利用自己的家长身份压服子女。这可能会让孩子暂时退让，但绝对不是解决矛盾的最佳方法。

当孩子与家长高声争论时，家长突然沉默，孩子常常也会安静下来；相反，若孩子高声家长也高声，很容易导致无谓的争吵，孩子在气头上也不愿意听任何的劝告。

当家长与孩子相持不下时，有时可故意使用反面语，使孩子改变初衷。比如，想让孩子做完功课再玩，孩子却坚持玩完再做功课，这时父母赌气地说一句："你去玩吧，我不管你了。"家长的"让步"会使孩子感到不安，孩子会因此放弃原来的计划。

任何事物都可能有多种解决办法，如果认为孩子的做法不妥，而孩子又不愿接受家长的方法时，可要求孩子一起来寻找双方都能接受的方法。矛盾的双方都可以提出可能的解决办法，然后一起评价这些方法，选择其中最佳的一种。

九、不要帮助孩子包办一切

一则新闻，说一位大学新生，开学携带着包括衣服、被子、零食、电脑等十大箱子行李，并且有爷爷、奶奶、爸爸、妈妈、小姨、舅舅、舅妈等7个人负责接送。

长辈这种大包大揽的做法，并不可取，会让孩子形成依赖性，使孩子自理能力差，心理承受力弱，不利于培养孩子的责任心。

跨入大学校门的孩子几乎都是成年人了，该有独立的自理能力。每个孩子必须独立承担他生命里的责任，长辈的过度保护是对孩子能力的无情扼杀。如果从小到大长辈什么都替孩子做好，那孩子走入社会后会感觉不知所措、迷茫、没有自信。

放开为孩子包办一切的手，才是对孩子真正的爱。让他们在自立自主的探索实践中学会坚强、学会做事、学会生活，莫要用爱的名义干扰孩子的健康成长。

替孩子把生活的一切想好

"穿上夹克，我们走！""把带到学校吃的零食装起来。""去刷牙，然后立刻睡觉。"人们相信，跟孩子在一起的大部分时间需要命令他们，没有规矩不成方圆。幼小的孩子没有预见性和计划性，因此需要父母经常替他们着想。为了让他们学会去适应日常生活，父母应告诉他们现在该做什么，并给予相应的指导。

这种不断的指挥日复一日，一再地重复，成为许多家长根深蒂固的习惯。然而如果家长习惯了在日常生活中总是这样指挥，总有一天他们会这样来责骂孩子："什么事都要教了你才会做！""你自己怎么不会动动脑筋？！""总得替你操心！"这样的父母会为了孩子必须时刻考虑问题的方方面面，以保证万无一失。

替孩子把一切想好，这样做虽然可以替孩子也替父母自己免去很多因疏忽带来的麻烦，使得日常生活的一切井井有条，但是同时却存在着剥夺孩子独立思考和生活能力的机会。这样的孩子因为缺乏重要的思考过程，而无法享受到由自己独立来作决定带来的快乐。

孩子做什么都不放心

过去一家一大堆孩子，一个战士倒下去，千万个战士站起来，老大不行还有老二，老二不行还有老三，现在一家就这么一个孩子，一旦这个孩子失败了，整个家庭就笼罩在失落中。家长不能拿孩子做实验，容不得半点的闪失，孩子就是整个家庭的重心，孩子做什么都不放心。

当父母对孩子不放心，时刻监视孩子时，孩子会对父母说："我可以管好自己，你可以不用费心了！即使你真的不放心，你也不能表达你的不信任。"而父母会进一步追问："你准备怎么管好你自己？天天你做什么？看什么书？从几点到几点……"这样从开端笼统地说负责任，到后来确认下来，实际等于双方达成了协定，签了合同。最后孩子做到了，就进行表彰；若没做到，帮孩子找原因。这样，孩子没伤自尊，又知道了什么叫守诺。

做父母的不要总是对孩子不放心，更不要没完没了地跟孩子说废话，废话带来的只是一种负面的作用。这种负面作用就是让孩子心烦，心烦之后就是学习效率的下降，所起的作用不会是正面的。

第四章
改变父母的教育习惯吧

一、孩子学习习惯培养方法

用自己的榜样去告诉孩子该如何学习

我国著名科学家钱学森出生于诗书之家，父亲钱均夫幼年时受到了良好的家庭教育，后就读于杭州求是学院（现浙江大学前身），是个品学兼优的学生。当时，杭州富商章氏，很欣赏钱均夫的才学，将自己多才多艺的爱女章兰娟许配给钱均夫，并资助他东渡日本求学。

在清末民初那个动乱的时代，钱均夫壮志难酬，只好将自己的精力转向"国学"研究。当钱均夫专心致志在研究学问时，四五岁的钱学森悄悄地溜进父亲的书房，一边注视父亲勤学的背影，一边用羡慕的眼神，看着父亲那一摞摞厚厚的线装书。钱均夫也注意到儿子对书籍的兴趣，有时将小学森抱起来，亲切地说："这些书都是你的，长大了要好好读书，不光读这些我们先人留下的书，还要读外国的书，不光学习国学，还要学习先进科学技术，才能把中国建设得富强起来。"

这一番话，对于只有四五岁的儿子来说，自然是不甚了了。但这的确是做父亲当年的心愿，他迫切希望儿子长大了，成为能够运用先进的科学技术建设中国的栋梁之材。

钱学森刚满五岁就能读《水浒》，而且对《水浒》中的梁山人物特别感兴趣，三十六天罡星，七十二地煞星，都是他心目中的英雄。有一天，他突然问父亲："《水浒》里的一百零八个英雄，原来是天上的一百零八颗星星下凡到人间的。人间的大人物，做大事情的，是不是都是天上的星星呀？"

父亲被儿子提出的问题问住了，一时不知道应该怎样回答。少刻，钱均夫笑着对儿子说："《水浒》是人们编写的故事，其实，所有的英雄和大人物，像岳飞、诸葛亮呀，还有现在的孙中山呀，都不是天上的星星。他们原本都是普通的人，只是他们从小都爱学习，都有远大的志向，而且又有决心和毅力，不惧怕困难，所以就做出了惊天动地的大事情。"

钱学森眨着大眼睛认真地说："英雄如果不是天上的星星变的，那我也可以做英雄了。"父亲高兴地说："你也可以做英雄。但是，必须好好读书，努力学习知识，贡献社会。"

在以后的日子里，钱均夫多次向儿子讲"学习知识，贡献社会"的道理，这八个字深深地印在钱学森幼小的心灵里。钱学森的志向与成就就是在这里奠基的。

父母对孩子的影响力是不容置疑的。你会影响孩子许多方面。如果你喜欢音乐的话，你的孩子也可能会喜欢音乐。如果你喜欢读书，他自然会对书本的世界充满好奇。如果你的学习生活是充实的，会让你更容易去尊重并调整你孩子的自我认识与独立性。父母的行为是一个好的示范，你可以为你的孩子塑造一个好的学习模式，并让他们以最自然最简单的方式模仿你的学习模式。要知道，你今日对学习的态度与作风就是日后你的孩子的榜样。换句话说，你的行为预示着孩子未来对学习的态度。

请记住：孩子们最佳的学习途径即是观察、模仿他生命中最重要的人，你就是他的主要榜样。即使孩子长大了，你仍是他的榜样。你可以像钱均夫一样用语言告诉孩子：你有一个美好的未来。当然，你也可以用自己的行动告诉他。

让孩子感觉到读书是一件快乐的事

日本前首相桥本龙太郎有个坚强的父亲，叫桥本龙伍。自1922年他就一直卧病在床，读书从此成为他生活的主要内容。读书不仅使他接触到大量的知识，最重要的是使他重新树立起了对生活的信心。即使在病中，只要有机会阅读，他都能够体验到一种发自内心的愉悦。龙伍决心把自己的良好习惯传给儿子。

从小，龙伍就给儿子买回大量的儿童书籍，但他很少有空亲自教儿子读书，他给予儿子充分的阅读自由。同时，龙伍在家里创设了一种浓厚的读书氛围，每天晚餐后的时间，常常是全家人开始阅读的时间。虽然阅读的内容不同，习惯却是一致的。阅读完毕后或在空闲时间，父子俩便坐在一起聊当天所读的内容，龙太郎这时总是毫无顾忌地把自己的体会说出来。只要学好学校里的课程，龙伍总是鼓励孩子尽量多涉猎一些课外书籍，这对学校学习不是一种妨碍，而是一种促进与补充。就这样，读书也成了龙太郎的爱好之一。

有一位"麻立会"的成员在谈到龙太郎时说："他在麻布中学时代的学习成绩只能算中等，但却是出了名的'书呆子'。他拼命读书并不是为了提高学习成绩，而是博览群书。"从此，无论是政务繁忙还是在家休息，书籍都是他永远的伴侣。至今，龙太郎对于读书的嗜好依然如初，无论多忙，他每月也要读上 10 本至 15 本书，而且尤其喜欢可以让大脑得到休息的漫画类书籍。常常在睡觉前，他还要看些与工作无关的书，从中汲取"营养"。他在一本书中看到的一句话"心闲可以养气，心闲可以养神"引起了他深深的共鸣。他的观点给了我们重要的启示。

首先，龙太郎认为，父母花大量时间强迫孩子听自己苦口婆心的讲解是不应该的，重要的是对孩子实现"要我读书"转变为"我要读书"的观念。"要我读书"是带有父母亲强迫性质的，而"我要读书"则是一种自主性的求知欲，一种没有强迫的强烈愿望。实现这种转变，父母也无须督促孩子的学习了，这时父母亲只要对孩子的阅读稍加引导，不使孩子的阅读误入歧途就可以了。

其次，龙太郎还认为，有许多父母经常斥责孩子不好好读书，不安心学习，这种望子成龙、望女成凤的心情是可以理解的，而他们自己呢？则可能是根本就书不沾身，甚至于讨厌求知。他们总是说自己忙，实际上只是逃避读书的一个借口，严格要求孩子读书，而自己却很少读书。从"要我读书"到"我要读书"，龙太郎的父亲很好地把握了一个秘诀：大胆交流读书感受，让这项枯燥的事项变得像说话一样愉悦、轻松。

许多人认为，学习活动就是念书、背书、考试，于是将学习变成了一种负担、一种压力。从学校毕业，压力就解除，从此跟学习说再见。很多父母要求孩子在学校获得好成绩和名次，所以对孩子的学习进度逼得很紧，孩子感受到极大的压力。今天，我们需要反省一下这种观念。学习不只是在学校中进行，目的也非只为了考试、成绩、升学，而是一个轻松的、充满趣味的过程。

父母们，是改变观念的时候了！学习是一件快乐的事，不是痛苦的事；学习是对我们的生命的展开与充实，不是只为了升学、考试或寻找工作；学习可以让自己和孩子的关系和谐，可以让学习在交流中变得有意义。和孩子在阅读中无忌地畅谈吧！当你在终身学习中获得生命的真谛时，学习将会是一件快乐的事。

让你的家成为学习型家庭

居里夫人（原名玛丽亚·斯可罗多夫斯卡，原籍波兰）是举世闻名的法国物理学家、化学家，她的成长完全得益于她热爱学习的父亲。在居里夫人小时候，父亲就常常在自己书房里告诉她各种物理仪器的名称，什么天平、验电器、矿石标本……这个时候，他就已经开始对女儿进行科学的启蒙了。

父亲的一切，无论书法、思想，还是言谈、举止，都简洁精炼，适度有序，他同样以此要求孩子们。当他带子女出去旅游时，总是事先拟定旅行的路线，标示出最值得观赏的景点；沿途欣赏的时候，他滔滔不绝地为他们讲解这些风景名胜的历史典故和意义。为了及时了解物理、化学等自然科学研究的最新成果、新发现，不断充实、更新自己的知识，父亲每天都坚持看书，阅读科技杂志。有时没钱买新书，他只好从本来就难以维持收支平衡的收入中挤出钱来买别人看过后削价处理的科技读物。这种不屈不挠的求知精神直接影响了孩子们。

居里夫人十几岁在外做家教时，就是白天教课，晚上抽空自己学习。而父亲则通过写信来指导她的教学。闲暇时，他也经常写诗，并把它们工工整整地抄写在笔记本上。他就是这样不断地学习，并以之为乐。他精通俄、法、英、德等语言，能将这些国家的散文和小说译成波兰文。为了增加孩子们的文学知识，每个星期六晚上，父亲就与孩子们一起讨论、鉴赏文学作品。他为孩子们朗读外国文学名著、游记和神话。有一次他正在用波兰语朗读《大卫·科波菲尔》，听得津津有味的孩子们突然发现父亲手里拿的竟是英文版本！这些难以忘怀的科学、文化沙龙式的美好夜晚，带给玛丽亚无限的眷恋和益处——使她能在一种难得的文化氛围中成长。她依恋她的父亲，是父亲使她的生活充满趣味和吸引力。她的一生得益于父亲的关心、引导和鼓励。

自从文艺复兴时期以来，欧洲各地便有所谓"读书家"，以书传家，家人终身热爱读书，以成为书的传家为荣。居里夫人的父亲正是一个标准的"读书家"，尽管他不为人知，但他营造的"学习型家庭"造就了一个不平凡的女儿。环境会影响人的心境。如果父母希望孩子培养良好的学习习惯，那么需要在环境上努力。

当孩子处在一种活泼的家庭学习活动、丰富的资源以及角色示范的环境之中时，他们会很容易地发展自己终身热爱学习的态度。在现代，人人都可成为"读书家"，并使自己的家人在阅读中获得启发、乐趣与陶冶。这有赖于父母的经营。

没有规矩不成方圆

朱蒂是一位单身母亲，她的女儿利萨已经14岁了。一天，朱蒂收到女儿学校校长的一张通知，让她非常吃惊。在最近一个月的时间里，利萨每天都要逃好几节课。

当朱蒂询问利萨的时候，利萨说："是的，我偶尔会逃课。"

"但是，这张通知上写着，你每天都逃课，绝不仅仅是偶尔逃课。"

但是，利萨指责她母亲，说她相信校长的话，却不相信女儿的话。朱蒂给校长回复了一封信，告诉他，她和利萨正在协商这件事情，利萨答应不再逃课了。两个星期后，朱蒂又收到一份通知，要求她去学校一趟，因为利萨有"持续缺席的问题"。现在利萨已经严重到整天逃课。朱蒂更加吃惊了。在这以前，利萨是一个非常好带的孩子，很少有问题的。

从学校回来后，朱蒂意识到，仅仅依靠提醒利萨，告诉她上学是她的责任，已经不起作用了。她告诉利萨，她将受到两个星期的责罚，她要利用那段时间把在学校落下的课程补上去。利萨表示抗议，朱蒂则坚持自己的意见。

又两个星期后，学校通知朱蒂，利萨的逃课行为已经减半了；但是，她将仍然面临停学的威胁。朱蒂知道，需要采取更强硬的措施了。每周末利萨的行动都受到完全的限制。朱蒂利用这个机会跟利萨谈论她的学校、她的朋友们以及她是怎么看待身边的人和事的。于是朱蒂知道了许多她以前不知道的关于女儿的事情。利萨把自己的想法告诉母亲，和母亲分享。她说自己在学校很厌烦，因为老师们只是想履行教学这样一种工作，而不是尽力去教给学生一种热情，启发学生学习、创造和思考。她觉得自己在校外和朋友聊天，谈论生活中真实的事情，能使时间更有意义。

朱蒂也向她袒露，自己青年时代也有同样的感觉。于是，母亲和女儿达成了理解，亦即利萨应该遵从学校的规章制度，尽力把事情做到最好。朱蒂答应，以后利萨可以发展与她的兴趣有关的户外活动。让朱蒂失望的是，她们的讨论并没有带来期望的变化。她意识到，学校无法知道她女儿的行踪，并要求女儿去上课。她也知道，只有她和她女儿才能改变现状。

朱蒂想到了一个办法。她到单位请了两周的假，并解除了对利萨周末的限制。星期一早上，朱蒂决定陪着利萨一起上学。利萨注意到妈妈穿的不是她平常穿的工作服，而是穿得更加随意一些。"怎么回事？妈妈，你上班要迟到了。"朱蒂笑着说道："既然你要让上学有这么多麻烦，我决定整天陪着你。"

那一整天朱蒂陪着女儿一节课一节课地上，利萨觉得很丢面子。每堂课朱蒂都坐在后面，甚至陪着女儿一起上洗手间。朱蒂事先跟校长商量好了，午餐跟老师们一起吃。放学的时候，利萨知道她碰上了对手。那天晚上家里的气氛寂静异常。

朱蒂在事后说："第二天的早晨非常具有喜剧色彩。利萨觉得，昨天很让人丢面子，事情已经结束了。下车的时候，她低头看见我的网球鞋，赶紧哀求：'噢，别，别再这样了！'我告诉她，除非她能够自己上学，否则我不会离开她。她答应她会去上课，求我再给她一次机会。我让步了，但是我告诉她，我会在每天午餐的时候去检查，放学的时候再检查一次，看看她是不是在上课。如果她再制造麻烦，我们就从头再来。在我接下来的假期里，我每天都去检查，从不间断。"

这个"栅栏"的设置终于使利萨改掉了逃课的习惯。这个故事说明了实际行动中的每一种"栅栏"——给孩子设置的每一种规则。我们可以看到，随着"栅栏"的升级，家长可能需要更多的行动、时间和注意力，也需要更多的谈话。当一种水平的边界不奏效的时候，就要采用更高水平的边界，直到女儿理解应该做什么才能获得原来的特权。一旦孩子知道有人给她设置严格但是友善的边界，并用这种方式在关心她，她就会去做一些更有创造性的、对自己有利的事情，而不是继续她的不良行为。

美国心理学家调查过从小学四年级到高中三年级学生的学习习惯，结果表明，学生随着年龄的增长，其学习习惯的得分并不增加。据此认为，学习习惯是在小学低年级就形成了，以后如果不给予特别的引导，已形成的习惯不再有大的变化。那种认为树大自然直的观点是不可取的。

一棵带有枝枝杈杈又弯弯曲曲的小树，长大能直吗？因此，尽早培养孩子良好的学习习惯是非常重要的。孩子年龄越小，越容易养成良好的学习习惯，形成的良好习惯也越容易巩固住。不良的学习习惯发现得越早，也越容易纠正。孩子的不良习惯积累越多，越不容易建立良好的习惯，因为任何习惯都是比较牢固的暂时神经联系，要想改变它，必须做出巨大的努力，花费很大的气力。这需要长期的意志锻炼，有时是非常痛苦的。

所以，那种认为小学低年级要让孩子放纵一些，到了高年级再来培养孩子学习习惯的做法是不正确的。让孩子养成好的学习习惯，应尽早做起。

帮助孩子找到学习的兴趣点

在玛格丽特·格兰特看来，学习是件有趣的事。当别的同学愁眉苦脸的时候，她总是一脸轻松。她说："我在中学时最有印象的是'创造性写作'这门课。最初我对写作不感兴趣，不知道写什么，所以成绩总是很差，可以说我对写作从头恨到脚。

"但是在创造性写作课上，老师十分注重教育我们如何表达自己——自己的内心、自己的感受及对他人和事物的看法，而不是去写自己根本不感兴趣或没有感觉的事情，只是为了练习方法而写作。当我转变了写作的立足点后，便有豁然开朗的感觉，写作变成很有吸引力的事了。我的老师给了我很大的自信心，他告诉我应尽情表达自己的感觉和想法，学习的目的不是为了满足老师的要求，是为了满足自己，而且满足自己恐怕是最最重要的部分。

"从此后我对学习和学校的态度有了极大的转变。学习不再是为了学校、父母，而是为了我的未来和我的生活本身。我开始寻找各门课目中的兴趣点和可以与生活、情感、未来联系在一起的东西，学习与学校在我的感觉中完全变了。"

每个孩子都有一个非常有潜力的大脑，父母的很大一部分职责便是帮助孩子将他的最大潜力发挥出来。学校是教育孩子、给予他们智力与知识发展机会的最主要地方，如何使孩子保持对学校的兴趣，是相当有挑战意味的任务。

　　从玛格丽特的经历中，我们应当得出一些有益的经验和启发。帮助孩子增进学习信心需要找到一个激发点，使孩子从中得到启发并推及其他。将学习的动力从学校、老师和家长的压力上转入到自身的兴趣和对未来的期望。如果能够让孩子将学校里学习到的知识在实际生活中有意识地进行应用，可以大大地提高孩子的学习兴趣。例如设计一个书架；制订一个保持家庭支出平衡的预算计划；帮助朋友或一些非营利组织设计需要应用课堂知识的小项目等，这种实际应用的经验，因为能够看见实际的结果，往往能够激发学生的学习兴趣，这比各种考试，更能保持兴趣的长久性。

　　在这里关键的区别就在于，自我激发的兴趣使孩子一旦坐在课堂里，想的是要学知识、学本领，而非怎样对付这门课的考试。我们应当发掘出能够使孩子真正倾心于学习并从中感到很大快乐的引导方式，这里关键的是培养孩子对待学习的积极态度。同学校和老师保持联系和提出要求是应当的，但有时学校和老师都不能尽如人意，这就更加需要帮助孩子找出积极的有进取的着眼点，开发一切能使学校生活更有趣味的活动，鼓励孩子改造环境，使自己的生活更充实。

帮助孩子建立学习的自信心

　　薇薇安是一个漂亮敏感的女孩，什么都好，就是学习成绩不理想，爸爸妈妈又是许诺又是责骂，总不见成效。三年前，薇薇安小学毕业，成绩差得只能勉强进入普通中学。她和爸爸妈妈都很泄气，便想放弃学业，跟随经商有成的姑姑到日本去做餐饮生意。

　　然而薇薇安上高中后很幸运地遇到了琼妮老师，从此她的人生步入了良好轨道。琼妮经过分析，认为薇薇安学习成绩差的主要原因是她的日常生活中有太多的物质诱惑，而她的父母又没有给予及时、正确的引导。现在，要让薇薇安从低谷中走出来，光靠她一个人的力量是不够的。琼妮老师向薇薇安的爸爸妈妈建议，要给他们女儿一个崭新的环境。然而，薇薇安不同意回到学校读书，做差生的经历使她耗尽了所有的自尊，她害怕面对课堂上的提问和同学们的窃窃私语。

　　这天，琼妮找出一本杰克·伦敦的《荒野的呼唤》，指着其中的一段文字对薇薇安说："你能大声地读给老师听吗？"看着老师亲切而饱含期待的目光，薇薇安轻轻地朗读起来。这段文字非常优美，带着淡淡的哀愁，正是所有少女都喜欢的文字。薇薇安在老师的要求下，又将文字读了两遍。老师要她把书合上，鼓励她说："你试试看能不能全部背下来。"薇薇安闭上眼，那些文字竟像山涧中自由的清泉脱口而出。

琼妮高兴地说："薇薇安真聪明，能够过目不忘。有这样好的记忆力，功课肯定没问题。"

薇薇安的脸一下子红了，她噘着嘴说："我连高中都差点考不上，还说我聪明，不怕别人笑话吗？"

琼妮郑重地说："当然没人笑话你。人的智商有一个发展的过程，你要对自己充满信心。"薇薇安乐了：这个老师真有趣。在琼妮的鼓励下，薇薇安终于背着书包快快乐乐地上学去了。

很多时候，孩子学习差的原因在于他缺乏自信。帮助孩子建立学习信心，是父母应有的职责。培养有自信心的孩子，父母首先要有自信心。如果父母本身缺乏自信，孩子很难从他们身上得到有益的帮助，孩子从榜样中学到的比从说教中学到的要多。不是每位父母都拥有足够的自信可以给孩子有力的支持。相反，很多父母可能会发现自己的自信心很低，对于步入中年的父母，这是一个令人泄气的发现。但是，自信心是可以改善的。可行的方法有许多，例如可以做一件有挑战性的事情，目标不要过高，但要逐步提高水平，这会为你的意识和意愿的转变带来最根本的变化。转变并不容易，但值得付出努力，因为这不仅仅是为了自己，也是为了我们的孩子。

建立孩子的自信，也需要成功经验的鼓励，也就是要实践。自信与不断取得胜利有关，不自信与接连遭受挫折有关。因此，当孩子不自信的时候，就很难做好任何事情，当他什么也做不好的时候，就更加不自信，这是一种恶性的循环。若想从这种恶性循环中解脱出来，重建自信，不妨先从最有把握做好的事情做起。

当孩子不断取得成功的时候，他的自信心就逐步建立起来了。这是我们与孩子都应该记住的：这个世界从来就没有救世主，只有自己才是自己的主人。想要获得成功，就必须付出更多的努力，千万不要轻易向生活低头，对自己丧失信心。

帮助孩子找到学习的方法

阿美非常讨厌化学课，她宁可去医院拔牙齿也不愿坐在课堂里听老师讲解分子运动或反应的问题。可学习又不能扔掉，所以尽管没有丝毫的兴趣，阿美还是硬着头皮听下去。"听他上课就像在看超级科幻片，不知所云。"阿美暗地里这么嘀咕。

阿美发现，化学老师的考试很容易过关，他通常只在学期中和期末进行两次测验，以此作为考核学生是否达标的基准。所以，阿美认为，一切都是小问题，上课听不听得懂也不是那么重要了。

期中考试的前一天晚上，阿美开始临阵磨枪了。她把爸爸的"毛峰"泡了浓浓的一大杯。通宵，她都是依靠茶水的支撑才使自己保持清醒。她要用一个通宵的时间"消化"一个半月的课程，包括那些元素、方程式、实验等。阿美确信自己是班上最努力的人，还有谁会比她睡得更晚？她对自己说："我肯定能过关，我整夜都在学习。"

第二天考试前，阿美又喝了一大杯咖啡。冲进教室之后，她快乐地吹嘘："我对这一科很用心，整个通宵都在钻研。我已经准备好了。"考卷发了下来，阿美很快答完了问题，还第一个交了试卷。她坚信自己能过关。两天以后，成绩出来了。150分的试卷，阿美只得了43分，不但不及格，分数还低得可怕。阿美的眼泪拼命往外涌，她向同学抱怨："怎么可能呢？我复习了一个通宵呀。"

学习一直很踏实的乔安问道："你确信为这次考试做好准备了吗？"阿美很生气："那当然，我非常努力，已经做了最充分的准备。这不公平！"也许没有人知道阿美此刻的心里在想些什么，其实她是在为自己的短期劳动未获得成果寻找借口。

孩子学习成绩不好，并不是他不努力，而是他不知道怎样努力，运用了不恰当的学习方式或方法。真正的努力是指让自己的潜能得到最大的发挥，而不是在形式上整天泡在书本里，或在心里常立志、常发誓。

孩子们从出生智商就是有差异的，有的孩子从小就很"开窍"，学习一直比较轻松；有的孩子虽然很努力，学习成绩仍不理想。儿童智商分布状况是中间大、两头小，呈正态分布。智商总体在90~110属正常；70~90属偏差；70以下属弱智、智力落后；120~140属高智商；140以上属天才儿童。弱智和天才儿童占总数的5%（各占2.5%）。这是一个客观存在，不是人人都能成为科学家的，作为家长要有勇气承认这样一种客观的差异。有时候苦读不如巧读更轻松，更有效果。

开启你孩子智慧的窍门在哪里？这需要通过父母的研究才能获得。根据心理学的研究，从思维角度可将人分为三种类型：

1. 艺术型：他们善于形象思维，他们脑海里是图形与音乐化的世界。

2. 抽象思维型：他们善于逻辑思维，往往对数学感兴趣。

3. 中间类型：兼有前两者的一些思维特征。

我们应根据孩子自身的特点，从现在起尽快调整学习方式，留下一定的休闲时间，让他逐渐恢复对学习的兴趣。少批评指责，多鼓励辅导，通过减负，让心空出一些，重新协调，劳逸结合，他的成绩一定会好起来。

尽早培养孩子的良好学习习惯

"养成良好的学习习惯"，这是俄国化学家门捷列夫的父母最重要的家庭教育经验。1834年，门捷列夫出生在俄国西伯利亚的博托尔斯克小城。他的父母都是教师，共有11个孩子，门捷列夫是其中最小的。

在门捷列夫不到1岁的时候，父亲失明了，失去了工作，不得不到舅舅开的一家玻璃厂工作。家里孩子太多，整天吵吵嚷嚷的，活像一个托儿所。门捷列夫父亲想出了一条妙计，叫每一个孩子都制订一个简单的学习时间表，然后依照他们自己制订的时间表监督孩子的学习情况。

每当孩子完成作业和预习之后，老父亲就满面笑容地同他们一起游戏，例如表演民间小戏剧或者跳哥萨克舞什么的。他还同孩子一起编了一首歌："6点干什么？公鸡喔喔背法语。7点干什么？高高兴兴去上学。下午4点干什么？讨论疑难好处多。下午7点干什么？两小时自学莫耽搁。学习不是伤心事，它是生活大快乐。"学习习惯来源于责任心，老父亲深深地懂得这个道理，他特别注意培养孩子的责任心，有时几乎到了不近人情的地步。

有一年夏天来了暴风雨，门捷列夫家的屋顶被狂风吹掉了一只角，雨水哗啦哗啦地漏了进来。妈妈不得不带着孩子修补屋顶，大儿子在房顶上钉木板，小孩子们就在底下递材料。一直忙到深夜，孩子们一个个都累得直不起腰来。这时候，父亲说："先换下湿衣裳，再喝碗热汤，然后赶紧完成自己的作业吧。"妈妈挺心痛的，说："今天是特殊情况，就让孩子们睡觉吧。"父亲沉下脸来毫不迟疑地回答："在求知的道路上永远没有特殊可言！"孩子们不得不拖着疲惫的身子继续完成自己的作业。

门捷列夫 13 岁那年，父亲不幸去世。面对着黑黢黢的棺材、黑影绰绰的灯火，身着黑色丧服的母亲表现得异常坚强，她仿照丈夫的口气对膝下这群哭肿了眼睛的孩子说："做你们的功课，在求知的道路上永远没有特殊可言。"为了不耽误孩子上学，母亲不顾亲友的反对，将出殡的日子改到了星期天。即使在这黑色的星期天，小门捷列夫也没有落下自己的作业，因为他知道，坚持自己的学习计划就是对父亲最好的纪念。

学习习惯对门捷列夫一生的影响也同样是不可估量的。由于他没有钱，因而他不能进入收费昂贵的综合大学或工科大学；又由于他的成绩优异，因而彼得堡师范学院终于录取了这位贫穷的天才，并且为他提供全额助学金。1869 年，门捷列夫公布了他的第一张化学元素周期表，共列出 63 种元素。他的论文《元素性质与原子量的关系》在德国《化学学报》发表以后，立刻名声大震，成为国际科学界的超级巨星。学习习惯对孩子学习的影响是毋庸置疑的。

调查表明，高考成绩在 570 分以上的学生，90％以上在小学和中学时代就养成了良好的学习习惯；而成绩较差的孩子，绝大多数并不是由于智力方面的缺陷，而是因为缺乏良好的学习习惯。

良好学习习惯有两大表现：

第一，孩子会将学习看成是自己的事情而不是家长的事情。

第二，孩子的学习有一个明确的计划时间表，会按时完成自己的作业，而决不会将今天的事情留到明天去做。

习惯就是人生轨迹的运动惯性，一旦这种良好的惯性养成，孩子的人生就会沿着既定的轨迹自动地运转，这不仅可以大大减少父母家教的重复性劳动，而且可以培养孩子自强自立、不断奋斗的精神。

良好的学习习惯应该从小时候开始培养，而且年龄越小越好。一旦在小学时代就培养好了孩子的学习习惯，那么在中学和大学就根本用不着再去管他们了。他们会自觉地预习课文，自觉地完成作业，甚至主动地将自己不懂的问题拿出来交给同学和亲友讨论。如果小学阶段没有培养良好的习惯，那么中学阶段也要加紧培养。

父母的责任，并非仅仅立足于微观层面处理好孩子具体的学习疑难问题，而要在生活中培养孩子良好的学习习惯。

二、给孩子创造想象的空间

培养孩子独立思考的能力

"我思故我在。"这是 17 世纪法国哲学家笛卡儿的传世名言。直到现在，人们依然能感受到这位伟大思想家的思想光彩，笛卡儿的成功离不开家庭教育成就的高超的思维能力。

1596 年，笛卡儿出生于法国风景迷人的拉艾小城。他父亲是布列塔尼最高法院的法官，地位显赫。但是，笛卡儿从小就失去了慈爱的母亲，因而父亲就独自承担了抚养孩子的重担。小笛卡儿 5 岁开始接受正规教育，8 岁开始学习欧洲最深奥的学问"经院哲学"，属于那种天才型的孩子。他特别喜欢睡懒觉，他经常晚上看书看得很晚，早上就在暖暖的被窝里思考书中的问题。有人认为这是一个缺点，时不时地笑话笛卡儿。但是笛卡儿的父亲认为这是孩子的一个特点，他支持孩子说："你有独立的思想就有独立的人格，根本别在乎人家说些什么。"

父亲特别注意培养孩子的思维习惯和思维能力，他告诉孩子说："财产是靠不住的，再富的家庭也延续不了三代；权力也是靠不住的，再显赫的家庭也同样延续不过三代。像法国最有权势的人物希龙，威风了两代人也就让皇帝给贬掉了。最重要的是靠自己，靠自己的学识和才智，这才是最具有长久生命力的东西呀！而要获得这些，关键是要学会独立思考问题，具有思维能力。"

笛卡儿9岁的时候，父亲带他到勃艮第公爵家做客，公爵家刚从非洲买回来一群鸵鸟，每一只都是健壮无比和奔跑如飞的庞然大物，小孩还可以骑在上面呢。有人说："别看这鸵鸟长得又高又壮，其实是胆小如鼠之辈。如果遇到敌人，就会把脑袋藏到沙子里，等着猎人去抓呢！"父亲笑着问笛卡儿："有句俗语说'不要当藏头露尾的鸵鸟'，你说鸵鸟遇到危险的时候应该怎么办呢？"笛卡儿毫不迟疑地回答："如果鸵鸟遇到危险就把头藏在沙子里，那么它早就在地球上灭绝了，因为鸵鸟毛那么值钱，非洲人不抓它才是怪事呢！再说，它的腿那么长，身子那么高，也不大可能把头藏在沙子里呀。我想，它最好的逃生方式，应该是拔腿就跑！"笛卡儿非同凡响的回答，惊得贵客们目瞪口呆。有人反驳说："藏在沙子里的鸵鸟已经成了人所共知的常识，你怎么能随便怀疑呢？"而父亲则鼓励孩子："常识也不见得句句都是对的。"

笛卡儿14岁那年，他又遇到了一个麻烦。笛卡儿的父亲有一个好朋友是当地著名的商人，名叫希拉。希拉花了200法郎从巴黎买回来一只名贵的德国斑点狗，这在当时可真是一笔大价钱。然而买回来以后希拉不仅大失所望，而且叫苦不迭。因为这条挺好看的斑点狗是个超级哑巴，压根儿就缺乏看门的本领——见生人狂吠。它尽管出身名门，血统高贵，却白痴得像个大傻瓜一样，整天只晓得吃喝拉撒，把屎尿拉得满院子都是。这弄得希拉非常恼火，曾经几次向笛卡儿的父亲诉苦说："干脆把这条懒狗拉到几十公里的野外扔掉，让它当野狗好了。"笛卡儿的父亲不愿意这样做，他交代笛卡儿，要他一定给希拉解决难题。笛卡儿立刻拿出纸和笔，飞快地画出一根树干，然后再在树干上方描绘出几根树枝，并告诉父亲说："这根树干就是斑点狗难题，这几条树枝就是尽可能多的解决办法。如此这般，我就采用数学解析的方法把狗的问题分解成了5个处理狗的方案。斑点狗不会看门也不会叫，应该怎么办？第一，希拉先生最容易的处理办法当然是再买一只，这种处理方式最简单而且最高效。当然也不是没有缺点，至少希拉先生还得从口袋里再掏出200法郎。第二是把这条懒狗退回给狗场老板，当然这又得花费一大笔运输费用，而且这条懒狗又脏又臭，路上患了什么传染病也说不定。如果出现了上述情况，这就意味着增加一笔医疗费用。第三是训练狗按警铃，同样可以利用狗的灵敏嗅觉和听觉发挥它的效用。在正常情况下，估计教会一只狗按门铃需要25天至30天时间，还得请一位比较好的驯狗师，其全部费用大约是20法郎。根据成本和狗本身的价值来估算，这笔支出还是挺合算的。第四是在狗窝里装一根触动绳。只要它一离开狗窝，就会碰撞绳子，触动警铃。根据我最近的观察，这条狗听觉特别灵敏，只要在100码以内出现脚步声，它就会像炮弹一样冲出来。因此可以断定，安装触动绳的办法费用最低而且肯定有效。第五是找出狗不会叫的原因并且进行有效的纠正。我们甚至还可以建议希拉先生在大门口竖立一牌子，上面写着警示：'注意不会叫的看门狗！凶恶的狗比会叫的狗更可怕！'这才有威慑力呢。"父亲听了，大加称赞地对笛卡儿说："你能够采用数学解析的方法来处理生活难题，这是一大发现！"父亲的夸奖和鼓励，大大激发和增强了笛卡儿发展思维探索难题和研究科学的兴趣。

1637年，笛卡儿发表了著名的《方法谈》，提出一切知识都可以采用数学推理的方法来证实，从而一举成名。

爱因斯坦曾说过："发展独立思考和独立判断的能力，应当始终放在首位，而不应当把获得专业知识放在首位。如果一个人掌握了所学学科的基础理论，并且学会了独立思考和工作，他必定会找到他自己的道路，而且比起那种主要以获得细节知识为目的的人来，他一定能更好地适应进步和变化……学习知识要善于思考、思考、再思考，我就是靠这个学习方法成为科学家的。"当前西方国家已经把培养幼儿的思考能力放在教育的首位。

美国教育界认为在学校只强调掌握读写能力而不会思考是不行的，这样不利于孩子正常发展。必须掌握基本功中的基本功——思考。他们说要鼓励孩子动脑——创造性地思考，独立解决问题，自己作出决定，这对儿童成长至关重要！因此，在美国的学校教室内到处可见到"走向独立解决问题的道路"、"记住聪明猫头鹰的话：'思考'"等巨型标语，孩子戴着的纸帽上写着"思考"，穿的汗衫上印着"我是一个小思考家"，处处提醒孩子去思考。

培养善于独立思考的人，是我们教育的目标之一。我们应当让孩子早一点养成勤于思考的习惯。

让孩子做一个小小梦幻家

1425 年 4 月 15 日，在意大利著名城市佛罗伦萨西南的一个小镇上，诞生了一个活泼可爱的小男孩。这给全家人带来了无限的幸福和快乐。

7 岁时，他被送进了教堂附近的教会学校去读书。但他似乎对课堂上老师讲的那些枯燥无味的拉丁文不感兴趣。他经常偷偷地从教室里溜出来，到村子外的田野里去玩。他的天真与好奇心，只有在美丽的大自然中才能得到满足。他经常一清早就从家里出来，在上课之前躺在山谷的草地上，出神地注视着平地飞起的云雀，想象着它们飞翔的奥秘，或者眺望远处隐隐约约的阿尔卑斯山的雪峰，不知道那上面是否住着神仙。有时他想象着自己身上长了翅膀，像云雀一样，飞到阿尔卑斯山，去找山上住的神仙。每次外出，他总会带回一些小动物或奇花异草，回家后仔细观察、描绘。

时光流逝，日积月累，他画的东西逐渐有了一点画意。曾有一次，他花了一个月的时间把收集到的蜥蜴、蛇、蜘蛛、蜈蚣等各种小动物集中起来，从中选出具有特色的身体部分，拼凑起来再放大，画出了一个似幻似真的可怕的怪物。这位有着特别想象力的小男孩，就是后来著名的画家列奥纳多·达·芬奇。

在达·芬奇成名的道路上，不可否认他的勤奋与刻苦，但谁又能否认他那丰富而奇特的想象力对他的帮助呢？其实世界上的每个孩子，包括您的孩子，都是天生的梦幻家。德国儿童文学家迈克·安迪曾经说过，他的两本获得儿童文学奖的作品，其生活来源就是那些出自街头巷尾的孩子们的"梦幻之思"。"梦幻"即想象力，在成人的眼中，那是一种不切实际的感觉，但在孩子的世界里，却是一个充满神秘与强大吸引力的理想处所。在这里，孩子可以骑着一条板凳，驰骋在辽阔的草原上；可以和一只小羊羔说悄悄话；可以是布娃娃的妈妈；可以是手拿玩具枪的无敌战士……想象力是智力发展的重要因素。人们把想象力比作智力的翅膀，孩子丰富的想象力是他们智力腾飞的重要条件。

要开发孩子的智力，父母必须走进孩子的梦幻世界，去了解孩子，亲近孩子，发展并引导他们的想象力。一个人想象丰富，思路必然开阔，智力发展水平便会有所提高。

世界著名的物理学家爱因斯坦就是由于其丰富的想象力而发现了相对论。据说他不是在书桌前发现相对论的，而是在近乎一种怪诞的想象中突发灵感而发现的。夏天的一个早上，工作了一夜的爱因斯坦，走出了自己的书房。为了驱赶疲劳，他爬上了村子后面的一个小山头，清新凉爽的空气和悦耳的鸟鸣，使他顿感轻松了许多。爱因斯坦躺在小山头上一块平滑的大石头上，眯着眼睛向上看。这时东方的一轮红日正冉冉升起，万缕霞光穿过他的睫毛射进了他的眼睛，爱因斯坦好奇地想，如果能乘着一条光线去旅行，那将是什么样子呢？于是他展开了想象的翅膀，在近似梦幻的世界里做了一次宇宙旅行。神奇的想象力把他带进了一个地方，这个地方是经典物理学的观点所不能解释的。于是，爱因斯坦怀着急切的心情，走下山头，回到屋子里，提出了一种新的理论，以解释他的想象。而且他还坚信，这种理论比经典物理学还要正确，这就是震惊世界的"广义相对论"。

后来，爱因斯坦深有感触地说："想象力比知识更重要，因为知识是有限的，而想象力概括着世界的一切，推动着进步，并且是知识进化的源泉。"如果一个人想象力贫乏，思路狭窄，其智力就难以发展。因此，要开发孩子的智力就必须开发孩子的想象力。

鼓励孩子的创造精神

爱迪生是美国发明家，被誉为"科学界的拿破仑"。爱迪生从小就喜欢鼓捣玩弄家里的东西，闹钟好好的，他把它拆得满地都是；好好的食物摆在厨房里，准备做晚餐用，被他看见了，又是煮，又是烧，搞得乱七八糟。好端端的闹钟成了废品，精美的晚餐泡汤了，爱迪生的父母心里当然也别扭，不过，他们没有一味责怪孩子。他们知道：在他们看来，孩子的举动或许不可思议，但在孩子看来，这些是孩子生活的一部分。爱护孩子就要尊重孩子，就要尊重孩子的兴趣。

五六岁时，爱迪生迷上了实验。一天，爱迪生看到天上的鸟在无拘无束地飞翔，他想象的细胞活跃起来。他羡慕这种自由自在，渴望这种自由自在，他想，鸟能飞，人也应该能飞，那为什么人不能飞起来？爱迪生想了很久，终于想通了。那是因为鸟的身体里面有一种特别的气体，就像气球一样。如果人身体里充满了这种气体，也就能飞起来了。爱迪生回到家里，加紧实验。他要创造出这样一种气体。爱迪生把家里各种各样的药搬出来，和上水。终于，他发现一种药一放到水里就冒气泡。爱迪生连忙盖起，飞跑到外面，递给伙伴，说："你把气体喝下去，就能飞起来。"小伙伴信以为真，喝下了药。一会儿，小伙伴肚子剧痛，大喊大叫。爱迪生父亲知道后，非常恼火，狠狠地批评了他。晚上，爱迪生的妈妈把他叫到跟前，给他细细地讲道理，告诉他为什么不能随便拿药给小朋友吃，讲了事情的严重性，讲了父亲为什么要严厉地批评他。爱迪生心里害怕，一连几天没有做实验。不过，他心里痒痒的，想用实验验证自己的一些想法。

终于爱迪生忍不住了，他对妈妈说："妈妈，我要是不做实验，怎么能知道世界的奥秘？"妈妈笑了笑，带爱迪生来到阁楼。爱迪生惊喜地发现，小阁楼被妈妈整理成了一个实验室。妈妈给爱迪生讲了些道理和做实验时要注意的事情，最后说："孩子，你愿意怎么做就怎么做吧！"妈妈的理解、支持和关心不仅让爱迪生有了施展创造力的舞台，他还获得了不断开创的动力。不管碰到什么困难，只要想起妈妈和妈妈那充满鼓励的眼神，他就不会放弃。这点成了他日后成功的基石。

创造性思维的一个重要特征就是摒弃以往的习惯做法，用完全不同的一种方法去思考问题。一般，人在日常生活中已经形成了一种思维定式，看见一种物品就有一种惯常用途，而很少去想它是否有其他用途。看到了螺丝刀就知道这是用来拧螺丝的，但是你是否想到使用一把小刀或一个发卡也同样可以？看到钳子我们就想到它是用来夹东西的，但是我们是否想到过它的其他用途？

美国智力教育专家曾列举出孩子们说出的精彩语句：

1. 我在银河边看神仙们钓鱼。

2. 我站在彩虹上看过往的神仙。

3. 我在草坪上和小虫们一起看杀虫剂说明书。

4. 我在山上和月亮一起看作战地图。

看这些句子吧！都是孩子自己创造的！多么奇特！这是他们创造性思维的一个重要表现，是一种打破常规思维的能力，吉尔福特把这种能力叫作"思维的独特性"。一般，富有创造力的人往往思维比较独特，给人以意想不到，但却又非常合情合理的解决问题的方法，而缺乏创造力的人常常被禁锢在常规思维之中。儿童心理学的研究表明，父母的管教方式，是影响孩子创造性思维能力发展的重要因素。如果家庭教育过分严格，家长过分要求孩子服从，孩子的创造性就会被抑制；反之，如果家庭气氛比较民主，家长注意发展孩子的创造性，那就会大大利于孩子创造性的发展。思考的独立性是创造性思维的一个先决条件，如果凡事都随众附和他人的见解，那就永远也不会产生创造性思维的火花。

创造性思维的一个重要的个性品质就是这种自由联想。一个高创造性的人，不仅能在毫不相关的事物之间找出它们的相似性，而且能够联想出它们之间的新颖的、富有独特性的联系。戈登是现代拟喻创造法的创造人，他说过，天底下万事万物都是相互联系的，而创造过程其实就是创造出、想象出事物之间的这种联系。

一个富有创造性思维的人，绝不是一个唯唯诺诺的人，他喜欢冒险、喜欢挑战，只有敢于提出疑问、质疑，才能突破旧框框的束缚，产生创造性思维。如果我们的孩子表现出以上个性特征，那你不但不应该苛责，还应该为此而欣喜。

培养孩子的创造力，这正是我们想要的：不随波逐流、爱幻想、爱冒险、喜欢挑战。

三、改变孩子每天早上赖床的习惯

每天早晨，斯皮德使用各种办法威胁利诱女儿离开床。奇怪的是，他的声音越大，9岁的莫妮卡赖在床上的时间就越长。

一天早晨，经过一场大战后，莫妮卡的爸爸说："够了，我受不了了！我不想每天早上和你这样吵来吵去。晚上下班回来，我们要好好谈谈。"

一场父女对话就这样开始了。

"为什么你总是不起床，莫妮卡？"爸爸问。

"你自己也没有很早起来呀！"

"噢，爸爸晚上工作到很晚。你应该高兴才对，我在家里办公，有更多的时间陪你和妈妈。

"早起会很累，白天没法工作的。"爸爸补充道。

"我也很累！"莫妮卡喊道。

"是吗？说来听听……"爸爸温和地说。原因很快找到了，期末考试临近，莫妮卡的功课量比以前多了一倍，而且她的精神压力很大。

"让我们共同来改变这一局面，好吗？"最后爸爸说。莫妮卡点点头。最后父女俩商定，父亲以后不再工作到很晚，而女儿也会及早把功课做完。不久，莫妮卡改掉了赖床的习惯。

孩子之所以违反生活的常规，总是有原因的。良好的生活规律对孩子来说很重要，对大人来说也是如此。如果此时你不进行反省，找出真正的原因，就会给孩子造成有所依靠的理由。你可以问问孩子白天是否发生什么困扰他的事情；看看是不是目前的生活方式造成他睡眠不足或者重新审察一遍他每天的睡前活动。然后，鼓励孩子一点一点改变自己的睡觉习惯，早上一叫就醒，精神饱满地朝目标前进。

对有些孩子而言，早晨不是精力最旺盛的时刻。因此，不妨教他睡前就把次日要穿、用的衣服和书包等准备好，以弥补他一早动作慢可能造成的困扰。理解孩子，同时调整自己，生活规律的形成，永远要从两方面同时进行。因此，在现实生活中，作为父母应当努力做到以下几点：

1. 自己养成准时起床的习惯。

2. 鼓励孩子准时上床睡觉。约定一个合理的上床时间，切实执行，以免孩子早上赖床。事先安排好睡前活动会有很大的帮助。

3. 让孩子提早完成作业。睡前赶作业不但影响睡眠，孩子的注意力也无法集中，学习效果会大打折扣。鼓励孩子早点完成作业，他才有时间在睡前放松心情，做些休闲活动，以帮助入眠。

4. 鼓励孩子做运动。运动可以帮助孩子睡得好，早晨醒来精神自然会好。

5. 今日烦恼今日毕。如果孩子带着烦恼入睡，早晨常会觉得精神不济。睡前和孩子聊天谈心，适时给他一剂"解题大补贴"，他才能安心睡觉，不必担忧醒来后不知如何面对。例如问他："今天怎么样？有哪些有趣的事我想听听。"

6. 明确向孩子表明必须早起的原因。每个孩子的动作快慢不同，因此早晨的行程设计要因人而异。设计一张晨间检查表，列出孩子该做的事情和所需的时间，让他们自我督促，一步步完成。把早晨起床、准备上学的责任和工作交还给他们。

四、让孩子养成讲卫生的习惯

佩斯先生每天晚上回来，一定要洗个热水澡，保持身体的干净舒爽。可是8岁的儿子葛瑞却与父亲相反，总不肯洗澡。葛瑞的两只手好像从来没有沾过香皂。

"该去洗澡了！"每当佩斯太太闻到她儿子的气味，就忍不住要说他。"好吧，睡觉前我会去洗。"葛瑞顺从地回答。可是，从浴室出来，葛瑞的头发湿了，脏衣服也换成睡衣了，那股味道却仍然留在身上。

"你闻起来和你洗澡前没两样。你确定你洗过了吗？"佩斯太太大声质疑他。

"当然洗了呀！"葛瑞赶紧离开，丢下一句肯定的回答。佩斯先生和太太发现，他们的儿子似乎不知道该如何洗澡。于是，他们决定要给他上一堂洗澡的课。

第二天晚上，他们把葛瑞叫到跟前。佩斯先生说："葛瑞，我知道你宁愿做很多事情但不要洗澡和洗头。可是，保持清洁是一件很重要的事。所以我和妈妈想了一个简单的法子，可以帮你保持清洁。从今天开始，每天晚上睡觉前，你必须跟着爸爸做，学着洗澡洗头。爸爸怎么洗，你就怎么洗。当然我会帮你，给你示范的。洗好后，我们会检查，如果洗得很干净，就有点数当奖励。点数越多，你可以选择的特殊待遇就越多，例如，可以晚睡或是多看半个小时电视。可是，如果洗得不干净，你就得回去重洗，一直洗到干净为止。知道吗？"

"我知道。"葛瑞把内容又简述了一遍。当天晚上，佩斯给葛瑞示范了一下，便出去看报纸了。他相信，儿子自己会学会洗澡的。葛瑞洗好澡后去让爸妈检查。他的头发是湿的，可是没有洗发精的味道。佩斯先生脱下葛瑞的上衣，搓搓他的肚皮，有一层黏腻的污垢。

"看来我得陪你回浴室再洗一遍。"佩斯先生说完，带着葛瑞回到浴室。这一次，葛瑞左搓右揉了好一阵子。当他离开浴室时，干干净净。这回爸爸妈妈好好赞许了他一番。

第二天，情况没变，葛瑞洗了两次澡。第三天，葛瑞终于一次就通过佩斯夫妇的检查，赢得他第一次的点数。他选择要延迟 15 分钟上床。全身干净清爽的感觉真好，能和爸妈一起多看 15 分钟的电视更棒。

佩斯问儿子："身上充满清洁的香皂味儿，感觉怎么样？"

儿子回答说："很好。"

渐渐地，洗澡不再是做苦工，反而变成葛瑞生活的一部分了。一种良好的生活规律能使自己的身体得到充分的休息与调节，保持身心的舒爽愉悦。可是这一点孩子未必知道。

孩子的天性不喜欢遵守既定秩序，在他没有认识到洗澡后清爽的感觉的确不错之前，免不了要有一番"斗争"。每天为了洗澡要不要用肥皂和孩子相持不下之前，最好先想清楚，你的目标是孩子身上的脏东西，而不是孩子。孩子本身不脏不臭，又脏又臭的是汗水和污垢。所以，应该是你和孩子一起去对抗那些脏东西，而不是你孤军奋斗，向孩子和脏东西挑战。既然你清楚洗澡后的感觉确实很棒，那么你就要让他自己体验到，你要善于和他一起分享这种感觉，那么你的孩子同样可以养成这种生活规律。等他养成长久的固定规律后，相信他会和你一起说："感觉真不错！"

在这方面父母有以下几点可以做：

1. 将洗脸、刷牙、洗澡等工作当成生活作息的一部分。自小教导孩子梳洗是生活规律和作息的必需部分，孩子自会养成习惯。如果允许孩子有时候不用洗澡，他会混淆，不确定该不该、需不需要洗，要求他去洗澡时，他也许会不顺从、有意见。

2. 使用生活作息表。生活作息表一目了然，有助于孩子规划自己的每日作息，也可以代替妈妈的唠叨。与孩子一起设计属于他的生活作息表，内容包括他该有的卫生习惯和活动。

3. 赞美。最好的鼓励就是赞美。例如："你的手洗得好干净，一定洗得很仔细！有没有觉得自己好棒？"具体的赞美，让孩子知道自己的行为是被赞许的，他会更有信心和意愿继续保持下去。

4. 以身作则。向孩子示范如何保持干净整齐的仪容。梳洗打扮时允许孩子在一旁观看，学习如何保持仪容的整洁。

5. 分别看待孩子和他的污垢。例如："我很喜欢你，可是我不喜欢你头发的味道。"让孩子明白，不论他的行为表现如何，你都永远接纳、疼爱他。

五、让孩子养成初步的时间观念

保罗·艾伦是一家销售公司的主管。作为一位部门负责人，他习惯了制订工作计划表。体验到计划表带来的好处，保罗把这个习惯也应用到生活中。他对自己制订的全天计划及周计划、月计划非常满意。

当然他也为儿子小艾伦订下了一个他认为"完美"的作息时间表：早晨6点起床，中午放学后回家，吃完午饭，先做1小时功课，再去上学；等下午回家后，先补1小时历史，然后看母亲替他预录的卡通节目，然后有半小时自由活动的时间；晚饭后他可以休息一会儿，如到附近公园散步，之后再回家温习功课，然后上床睡觉。

保罗本以为这样一张作息时间表，定会对儿子有极大帮助，谁知才实行没有几天他很快发现，艾伦的功课愈做愈慢，有时候甚至打瞌睡；他还发觉艾伦的功课还没有完成，他的好同学朱迪便已打来电话，问他看过某个电视节目没有；每晚的散步时间也让艾伦累得有点过了头，根本不能再在晚上集中精力学习了。

好在保罗及时发现了时间表存在的问题，于是他果断地做了调整，让艾伦午饭后有点午睡时间，下午看完卡通节目后再开始做功课，到了晚上的散步时间，也视孩子的需要增多或减少。时间表变得具有弹性了，艾伦的学习兴趣也比从前高涨了许多。

为孩子制订时间表，让他养成良好的生活规律，这是个不错的主意。但有一点经常为父母所忽视：你的计划表不一定适合孩子。如果我们换种做法，或许结果会好得多。譬如在孩子开学前，我们就与孩子一起讨论，每天放学后到底是先看卡通再做作业，还是做完作业再看卡通。如果孩子认为作业不多，卡通片时间也不长（在1小时以内），要先看再做作业，我们不妨就答应他，在通常情况下先看卡通再做功课。但如果功课多了，就要先做功课；看卡通的时间超过1小时就得放下卡通节目做作业。

商量好之后订个时间表，并让孩子自己遵照执行，家长只需要不时提醒就可以。时间表也可以由孩子自己来订。孩子依据个人喜好订立的时间表，在时间安排上比较灵活、宽松，那么他自然会比较主动地按时间表做，当他管不住自己的时候，遇到家长提醒，也不会有逆反心理，做起功课来自然效果也就会好得多。

除了学习，家长还可以让孩子和大人一起制订工作、生活等方面的多种时间表，让他从内心深处得到最大的满足，从而能够调动他各方面的积极性。因为我们要记住：只有处于内在精神满足的平衡状态下，一个人才能够发挥出最大、最持久的潜能。

因此，在和孩子制订时间表和计划时，父母应做到以下几点：

1. 制订时间表一定要注意长、短期计划相结合。

2. 短期计划虽然只是每天的具体作息表，却也应当注重"模糊概念"，如避免具体规定每天几点几分该起床、睡觉，几点几分该吃饭、看电视、做作业，应当规定在几点前休息，几点至几点起床，作业一定在看电视前完成，看电视的时间在多少时间内，等等。

3. 制订有弹性、符合孩子性格的时间表。

六、让孩子收拾好自己的房间

　　迈克夫妇最近十分不理解，自己的宝贝儿子怎么了？他的房间一团糟。为了使这个房间变得整洁起来，迈克夫妇可谓使尽了"浑身解数"。

　　"这个家里我定制度，你要按我说的做。"迈克有时候用这种方式规定儿子的房间应如何保持整洁，并坚持让儿子达到这些标准。这些标准如"每天早晨整理床铺"或更极端一些："房间彻底打扫干净后你才能走。"可是并不管用。

　　"如果你在中午之前打扫干净房间，你就可以去看电影。"可它只会在周末看电影前后干净一会儿，过不了两天就又恢复如常了。"你真的需要保持房间干净，如果奶奶顺路过来，看见这乱七八糟的房间那怎么办……"有时候，迈克控制不住自己的恼怒，会接着对小迈克说："你连自己的房间都保持不好，你怎么学会布置一所房子呢？"

　　而母亲也往往显得很无奈："你看看他的房间，我们真希望健康检查官明天能来。"大多数情况下，母亲总是这样说："嗨，我们都住在这所房子里，让我们保持房间整洁吧，我们是这样的人！"

　　孩子为什么不愿意打扫自己的房间？多数父亲会问如何让孩子保持房间整洁，而不是上面那个问题。让我们听听儿童心理学专家是怎么说吧。"我总认为他们的房间是他们自己的。一般我不会提及这个问题。除非他们的房间真的到了无可收拾的地步，我会走进去说：'我们需要把这里收拾收拾。'"是的，问题就在这里。孩子不是不愿意收拾自己的房间，他们不在意房间是否干净，而在乎谁掌握控制权。

　　孩子与成人一样，房间是他们能最生动地表现自己的地方。长大成人以后，他们会有其他方式来表现真实的自我，但现在，他们的一切都集中在这个空间里。

在某种意义上，这是他们的"城堡"，因此即使他们很负责地打扫房间的其他部分，他们也会强烈地反抗自己的城堡遭到侵袭。父母们也许会陷入了困惑，什么时候这个房间不再是我们住所的一部分了？但是你必须接受这一事实。给他控制权，他会安排好自己的事的。只有他掌握了一切，他才会心甘情愿打扫自己的房间。

因为，这时他们打扫的是"真正"自己的房间，孩子的家庭归属感比干净的卧室更为重要。请记住儿童教育专家说过的话：让孩子的房间真正成为孩子的房间。

七、和孩子一起给家庭风格一个定位

约翰和贝西都是上班族，由于平日忙于工作，无暇料理家务。虽然孩子们已经习惯了这种生活方式，但一想到别的父母将家里收拾得井井有条，他们就感到一些不安。

这天，约翰拜访了几位邻居，兴致勃勃地回到家里后，与贝西、孩子们一一品评他们的邻居们。

"凯西是一位视觉型母亲，"约翰首先说道，"她认为有条理是最为重要的。顺序就是她的名字的一部分！她极擅长将物品摆放得井井有条，尤其是对她的房子更是如此。她的房子装饰得很好，每样东西都很协调和干净（厨房案台上没有灰尘）。笔记、单子、家里的纸张搁在书桌上的告示板上，从不堆积。房间里总是像要聚会那样整洁。"看了一下妻子，约翰继续说："凯西用相配的墙纸和织物装饰孩子们的房间；她把玩具、游戏和所有的东西都归到架子上和某个容器里。她要求孩子们上学前整理好床，并很容易为他们房间的不整洁而生气，这也导致了孩子和她之间的矛盾。"

"视觉型父母的口号是'让一切东西都放在应该待的地方'。"接着是第二位，安娜，"安娜，一位听觉型家长。她的房间看起来有些凌乱，但是她知道东西在什么地方，尽管桌上堆满报纸和杂物，她也还能集中精力做自己的事。她能找到她需要的东西，喜欢把整个项目浏览一遍。交流和联络是安娜最大的优点，她的好客和开朗使她的家成为孩子们放学后的好去处。""是这样吗，小家伙们?"约翰问道。只见孩子们都笑了起来。"有一句她常常对孩子们说的话是'让我们谈谈这件事'，她常常向孩子们解释应该怎么做事，而如果他们不立即回答她就会生气，以致她的儿子常常觉得她的解释和话太多。当出现问题时，他们就在'家庭会议'上讨论。她是一个天生的讲故事能手，除了给孩子们阅读书本，她还乐于和孩子们一起分享她自己幻想的故事和儿童时代的回忆。"

"在三位母亲中，维奇是一个最不在意顺序的母亲，这是运动式的家长。维奇在冰箱记事纸上有一句口号:'我宁可有一片创造性的凌乱也不愿有一片整洁的闲暇。'但她也最不会被杂乱所困扰，因而也可能是最有趣的一位。维奇是一个积极的、和孩子搅在一起的母亲，利用她的厨房试着做烤面包、种植物的游戏。活跃是她的家庭的主题——溜冰鞋（她和孩子们的）、篮球、手套和自行车放在车道旁，后院里一篮子毛线是教她女儿学习编织的，在另一个角落里是在即兴音乐时间演奏的乐器。维奇喜欢带孩子到公园跑步、荡秋千或当一首优美的乐曲响起时在起居室里跳舞。实际上，她在周六还参加了一个成人足球队，如果她有时间，还要到基督教青年会里工作。"

"孩子们，我们的家庭属于哪一种呢?"小儿子贝克说道:"运动型的。""对呀! 虽然我们的家比较乱，但我们过得很愉快。不是吗? 不过，我和你妈妈今后也要改进，每天会多抽出一些时间来收拾房间。"

家庭管理，确定自己的家庭属于哪种类型，以便于对症下药，是个不错的主意。每个父亲对家庭管理早有一套方式，只是我们往往较少思考它的利弊。研究一下几种不同的家庭风格会使你取长补短。其实，你不必为家庭里混乱不堪而苦恼，保持一个整齐、干净的房间和与孩子们一道运动、共度时光相比，相信你会分辨出哪一个更重要。

八、相信孩子管理家务的能力

美国著名的发展心理学家和精神分析学家艾里克·艾里克森认为："当一个人与技能和工具的世界有了良好的初始关系，并感受到青春期的来临时，他的童年就结束了，而少年时期便开始了。"这些大致在同一时段发生。11岁的小里奇几乎可以像父母一样做家务、修剪草坪、做饭、打扫卫生、洗衣服。而14岁的麦迪常常会很高兴地告诉父母做某件事更好的办法——不管你有没有问他！

这一点令里奇夫妇很自豪。"我的孩子长到11岁时，我重新开始工作，"里奇说，"那时，我们坐在一起说：'我们是一家人，要让这个家正常生活，我们就要干这些事。'现在我们每个人都有自己负责的范围，我们每个人都要用吸尘器吸干净房间的一部分；孩子们清理一个浴室，大人们清理另一个；我们自己打扫自己的房间；其余房间归大家分别负责。暑假时孩子们每周轮流修剪草坪和洗所有的衣服。而学校开学后，他们就只洗自己的衣服。"

"我们经常一起干，他们都干得很好。我想他们在这个年龄应该能干这些事，并且我在这其中教会了他们许多技能。"里奇夫妇说得非常有道理。家庭管理很重要的一点就是让你的孩子参与进来，和父母一起分担家庭管理的责任。同时，这也会让他们学会许多生活技能。

别担心孩子们什么也不会做，只要你放手让他们做，他们会做得很好。儿童教育研究者为我们制作了6~10岁孩子会干的事，它证明了这一点：使用吸尘器、真正照顾宠物、整理自己的房间、做完饭后收拾干净、按菜谱做饭、浇灌花草、把树叶耙在一起、把垃圾送到路边、打扫屋内屋外、洗盘子、换床单、清扫收拾房间、物品分类、正确使用洗衣机和甩干机、收拾好衣物、缝衣裤的边、熨烫自己的衣服、帮助清理冰箱、采摘果实、打扫浴室、收拾抽屉、擦干并放好盘子、油漆简单的物品（书架、篱笆），大人在附近时照顾更小的孩子。

事实上，处于少年时期的孩子能为你分担的还不止这些，下面是研究者们分列的一份更详细的清单。孩子能掌握的个人生活技能：刷牙、换床单、用洗发液洗头、给头发定型、吸尘清洗、剪指甲、擦玻璃和镜子、洗澡、扫地、拖地、与牙医或医生预约、擦窗子擦木器、照管植物、将衣服分类清洗并叠好、正确使用化学药品、熨衣服、清洗百叶窗、会买衣服、打扫洗碗池和洗手间、缝补衣服口子、清除垃圾桶、将可以再利用的东西分类、钉扣子、刷鞋、为衣裤缝边、简单的房屋维修、制订食物营养均衡配比表、把画片挂直挂正、到商店购买适当的食物、给门轴等上油、煮饭或烤面包（肉类）、照食谱做饭、油漆、摆一张很吸引人的餐桌、会用锤子（起子、锯、扳手）、洗碗筷餐具、正确地储藏食物、开账户、预算收支、存储钱、签支票、使收支平衡、割剪草坪、修理草坪边缘、耙草坪、修剪枝条、种草、撒种、浇草地和花圃、打扫小路、换轮胎、查看与换油、查看与加水，等等。

著名的亲情教育家伊丽莎白·柯莱丽曾说过："孩子有各种各样的能力十分重要，这样孩子们可以知道如何询问、知道怎样等待、知道怎样与那些能为他们服务并发现解决办法的人交往。可以说孩子现在参与家庭的管理就是对未来社会生存的预演。既然他们能做到这一点，那还犹豫什么？让我们说一句：'一起干吧！'"

九、让孩子自己做饭

芬妮是一个骄傲的母亲，因为她的孩子们会自己做饭。芬妮说道："他们每个人都在 7 岁时开始做自己最喜欢吃的东西：热狗、花生奶油三明治、罐头汤、通心粉和奶酪。后来我用一个活页笔记本记下他们需要的菜谱。第一次他们选择了咖喱鸡、烤鸡、细面条、烤火腿、利马豆、鸡蛋饼、淡咖啡和萝卜青菜——这些使他们必须学用高压锅。我的小女儿想学做熏肉汉堡时才9岁，于是我教她在微波炉里做熏肉，她爸爸教她如何涂抹作料，如何观察烹制过程，如何烹调出烟熏味，并监督她的操作程序。到吉娣14岁时，她已经开始认真研读我的烹调书，并尝试做新菜——最近她做了瑞典肉团和叉烧肉。

"每当孩子们想学新东西时，我们就把菜谱抄到他们的烹调手册上，并提出几种搭配的菜以便做出营养均衡的饭菜。当邻居看到我10岁的小女儿做出咖喱鸡、米饭和肉汁、利马豆、水果盘、花卷和冰茶表示惊奇时，我女儿耸耸肩告诉她：'这是我喜欢吃的。'"

在美国，做饭对许多孩子都有吸引力，他们是小小的管家和化学家。孩子们喜欢做他们自己喜欢的食物，他们愿意学做比父母为他们选定的菜单更复杂、更难的菜。然而在我国，要在小学高年级的学生中找出几个会做饭的学生，着实不太容易，因为几乎很少有父母会要求孩子学煮饭。吃饭、整理、睡觉是人类生活的基本活动，所以从小便教孩子做些煮饭之类的家务，必是有利无害。

一个小学中年级的学生，是应该训练独自一人看家的本领的。譬如傍晚时，若父母还没有回来，孩子就会洗米、操作电锅煮饭。自己做饭这个行为，且不从现实的一面来论，它在儿童教育上，确实还隐含着象征的意义。饭本来就是生命的本源，是人类活动的基本要求。孩子能主动做饭，必然可以从中体会挑起新责任的感觉。或许有人会认为这是大人们的单纯联想，可是事实上，孩子们的意识确实是如此。譬如团体一起去露营或登山时，小朋友们对于煮饭、做菜的工作，个个都感到喜爱不已。这种现象与其说是这种经验很难得，不如说是这种自己做饭自己吃的工作，已刺激起他们的自立意识。"自炊"其实和"自立"、"自力更生"的意义是相通的。

现在都市中的家庭，都是用煤气炉或电锅煮饭，煮饭早已变成操作简单的家务。所以，无论在家还是全家一起出外露营时，不妨由孩子们主厨。而在假日里，可把假日当作"母亲的休假日"，叫孩子们负责做饭或饭后的整理，父母们要找寻各种机会，使孩子肩负起自炊的责任。如此的训练，必然可以使孩子用自己的手与头脑，找寻出生活的智慧与自信。

作为父母要特别注意以下几点：

1. 明确目标。把盘子洗干净，把房间打扫得窗明几净，都是次要的目的，主要是通过家务劳动培养孩子的责任感、独立性、自尊心、自信心和工作能力，这是锻炼健康的心理与情绪的基础。

2. 早早开始。当孩子刚学会走路的时候，就开始有一种"帮助妈妈"的冲动。两周岁的孩子就会帮你拿着洗好的衣物或者帮助奶奶扫地。四五岁的孩子就能够按你的要求，把玩具放好，把衣服放好，把餐具放好。7周岁的孩子就能够逐渐地承担一定的家务。

3. 实事求是的标准。成人做家务自然比孩子细致得多。不要嫌孩子做得不好或宁肯自己做也不要孩子做了以后你再重做一次，这样会使孩子沮丧与气馁。

4. 切莫引诱。孩子完成一件家务，可以对他笑笑、亲亲或说声"谢谢"。对别人赞赏你的孩子也是可以适当采用的方法。千万不要因为她干了一点家务，就付给她"劳务费"，这样就把家庭责任变成金钱关系了。

5. 不要过度。工作是可贵的，苦役是可怕的；给孩子超负荷的家务，就会影响孩子的学习与成长，影响与别的小朋友的交往。同时，要孩子干太多的活儿，会使他觉得自己是家庭仆役而非家庭中的一员。

十、要按自己的想法教孩子做家事

露丽聪明可爱，可她长到10岁了，却不知道如何择菜，如何扫地，如何抹桌子，更不会洗衣、刷碗。由于她不懂得干家务，后来还闹了不少笑话。

有一次，在学校里，轮到她值日扫地，她挥起扫把，就像打高尔夫球一样，用扫把在教室里挥舞。地没有扫干净，尘土却满屋子飞扬。还有一次，家里来了客人，她出于好心，帮妈妈刷碗，只有七八个碗碟，她把刚刚用去三分之一的洗涤剂全倒光了。再有两次，她刷自己的小皮鞋，弄得满手满脸满衣服的黑鞋油。说起来，这些简单的家务活，她平时也见到家长干过，表面上看没什么难的，可是她没有经过实践，真正做起来，却让人啼笑皆非。

而只有5岁的尼娜不但会把自己的房间收拾得井井有条，而且拖地板、洗手帕、叠衣服，只要是力所能及的事都做得很出色。究其原因，是因为她3岁时妈妈就让她学习料理自己的事，让她做一些她能做的事，慢慢地，她触类旁通，一些简单的家务活都能得心应手。

要从孩子几岁开始教他做家事才合适呢？每个孩子成长发育、智力增长的快慢是不同的。几岁可以帮忙洗碗、摆放锅盘，并没有一定之规。不过在三四岁上幼儿园小班的时候，就可以从自己练习系鞋带、帮爸爸妈妈拿拖鞋做起。两三岁的孩子喜欢"帮助别人"，蒙太梭利明确表示，在成人的参与下，他们能学会干很多事。到了5岁或更大一些孩子做家务就会更快、更容易，尤其是忙于工作的父母，没有时间跟在孩子身边的父母（又不想这样做的父母），他们想晚些时候再让他们承担这些责任，因为也许孩子那时会学习得更快。在5岁之前不让孩子承担照顾自己和保持自己周围环境的责任，会导致孩子养成等待别人伺候的习惯。

父母可以绝望地撒手不管，或根据自己的家庭条件来决定他希望孩子在6岁前学会做什么事——记住，这个年龄的孩子应负担一些责任。

十一、真心地赞美孩子

赞美的话可以鼓舞孩子

家庭野餐会上，几个孩子一起打羽毛球，双方你来我往，战况激烈，笑声不断。12岁的瑞恩把球拍交给5岁的妹妹，并把她扛在肩膀上一起应战。和大孩子一起打球，妹妹高兴得尖叫，有时候也能还击几球呢。这群孩子一起回来喝汽水时，瑞恩的父亲小声对他说："你是一个很会照顾妹妹的好哥哥。"瑞恩耸耸肩，加入其他同伴，但脸上带着一抹隐藏不了的羞涩微笑。他明白父亲赞美他对妹妹好，这种感觉将永远珍藏在他心底，成为难忘的回忆。

4 岁的弗瑞德和 1 岁多的弟弟约瑟在卧室里玩。忽然一阵混乱的哭声和尖叫取代了先前的平静。爸爸跑到卧室门口问："发生了什么事？"

"约瑟抢走了我的卡车！"弗瑞德泪流满面地回答，手里紧握着一辆金属拖车。

这次爸爸决定快速处理"谁先动手，谁先拿走谁的玩具"这些老问题。爸爸问："你不希望约瑟和你一起玩卡车？"

"对，他太小了，"弗瑞德强调，"他会受伤。"

爸爸觉得弗瑞德说到了问题重点。那卡车是金属材质，比较适合给大孩子玩。"很高兴你关心弟弟。"爸爸说，"你还有其他玩具可以和弟弟一起玩吗？"

弗瑞德瞄了房间一眼，看到一辆木制卡车。他把金属卡车交给爸爸，谨慎地转移目光："我想，弟弟会喜欢玩这个。"然后把车交给弟弟。约瑟笑了，开始玩起这辆车。弗瑞德也带着骄傲的心情，再度回到玩具堆里。

赞美是表达爱意的一种方式。赞美的话可以鼓励孩子，让他们觉得备受尊重和有价值。赞美能让孩子肯定自我、尊重自我，进而发展更完美的人格。赞美孩子的意愿，也赞美他们的进步。留意孩子天生的特质，等于帮助孩子建立一座自信的宝藏。当我们不在他们身边时，陪他们度过严峻考验的将会是这些自信。免费地、大方地给孩子赞美吧，因为赞美永远不嫌多，这是孩子发展自我意识的必要支持力量。

慷慨的赞美和尊重，足以让孩子享用一生。即使是在孩子最糟的日子里，我们仍可找出他们值得赞赏的言行来，特别是那些令人受惠的疑问。赞美孩子，同时也要他们注意和表达对别人或周围人与事物的尊重，这有助于他们和别人建立健康的人际关系，享受自己的人生，并且以正确的态度与人相处。

生活在赞美中的孩子，将比他周围的朋友更活泼开朗。受赞美的孩子，会感到备受尊重，进而能激起他们内在的自我价值和尊严感。每个孩子都该得到这种感觉，这是我们为人父母者的责任。

为你的孩子而骄傲

一位新同学进到杰克所在的五年级教室，留给大家很深的印象。他和家人住在国外，会讲多种语言，体格健壮，他像连珠炮似的介绍他们的大房子、最新的电动玩具、大型屏幕和游泳池。班上每个男生都想去他家玩。可是当杰克受邀请去了他家，爸爸来接杰克回家时，杰克却安静地坐在车上一语不发。"你们俩整个下午玩了些什么？"爸爸问，"好玩吗？"杰克开始了抱怨，认为这位同学游戏时只能赢不能输，和他玩一点儿也不公平。

爸爸仔细聆听了一会儿，说："你认为他的行为如何？"

"我很不喜欢。"杰克由衷地说。

"嗯，为什么不喜欢呢？"爸爸问。

"他可以买一大堆玩具，但是我再也不跟他玩了。"杰克突然激动起来。

爸爸等杰克情绪平静后，说："我为你感到骄傲，杰克。一个人的好坏，不是以他拥有多少好东西来衡量的。"当我们处处赞美孩子时，同时也在告诉孩子什么事是重要的。不幸的是，在目前的消费时代里，充斥着各种物质的诱惑，因此，父母们必须先在消费及价值观之间取得平衡，孩子才能有所依循。少些物欲，降低价值标准，让孩子知道我们爱他胜过一切。有时我们可以马马虎虎，有时却要斤斤计较，让孩子知道我们的用意。

要以健康的态度面对广告，分辨想要和需要的差别，帮助孩子成为聪明、快乐的消费者。尊重孩子，等于教育他们辨别周围各式各样的事物。父母提醒儿子，不以拥有物当作评断一个人的价值标准。在忙碌的一天中，这类简短的会话并不至于压缩父母的时间，却可以帮助孩子建立积极正确的价值观，让他们可以从容面对自己的未来。

必要时候不妨加点鼓励

刘易斯，美国男子田径运动员，出生于田径世家，在 1984 年第 23 届奥运会上夺取四枚金牌。刘易斯说："不管我做什么，我总会想到父亲，想起在威灵伯勒的岁月，想起他的教诲。他教育我不管做什么都必须尽力做好。父亲敏感而理智。他能整整一天与任何人谈论任何事。他与人为善，心胸开阔。但是一旦你说了他的坏话，或者做出违背他信仰的事，他就会与你干到底。"

他父亲一再教导刘易斯做自己认为是对的事："并不是你想要做的任何事都可以做，而是你认为是对的，你才可以做。如果你认为你正在做一件正确的事，而且深信它是正确的，就不要受外界的任何干扰。"

1984年，在许多人指责刘易斯，许多媒体传播谣言时，父亲则安慰他说："卡尔，你没有做错任何事，没有做伤害他人的事，没有中伤过其他人，也没有错待过任何人，这些事你都没有做过。你做得很好，坚持你自己的主见，不要理会你周围发生的一切，事情会好起来的。"

而母亲对刘易斯在1984年奥运会期间和之后所受到不公正对待的态度，与父亲截然不同，她总想反击那些说了或者写了刘易斯坏话的人，甚至想给每一个她知道电话号码的人打电话，告诉他们她对这些评论的看法。他父亲却说："不，没有必要这样做，那些事情无关紧要。只要卡尔相信他做的是对的，这才是重要的。我们不需要对任何人做出回答，现在不，将来也不。"

父亲的鼓励，给了刘易斯最大的力量。比赛之后，刘易斯说："在那场比赛中，每件事、每个成功和胜利都是父亲带给我的，包括比赛那天的勇气和因胜利带来的激情。"刘易斯永远感谢父亲。在父亲病逝时，刘易斯决定将他在奥运会上获得的第一枚金牌作为礼物，赠给父亲。因为，那块金牌凝结着他们父子的共同努力和所有美好的回忆，代表着由于父亲精心培育而发生在他身上的光辉业绩。

在父亲的葬礼上，刘易斯亲自为父亲写了一首歌，并亲自唱给父亲，把金牌放在父亲的手里。他坚定地对父亲说："你放心吧，我会赢得另一枚。"这是他对父亲的承诺。

鼓励孩子并不是件简单的事。年纪小的孩子为自己做事的时间，远比我们要他们为自己做的还多；孩子再大一点，我们就已厌倦让他们自己摸索了。但不论孩子年龄多大，千万别掉进陷阱去为他们做所有的事。

在孩子发展和提升技能的成长过程中，需要我们的支持，需要我们忠实的建议。鼓励，能扩展孩子的体验范围，让他们做得更好。同时，让他们明白，即使失败了，父母也会和他们站在同一阵线上。"鼓励"二字的意思是"给心"。鼓励孩子，就是将我们鼓励的心给予他们。帮助和支持孩子有信心，这既是孩子所需要的，也是做父母的职责。这件事很微妙，何时该介入，何时该退出，何时赞美，何时批评，需要智慧的运用，这是一门艺术。我们应细心地留意孩子的需求、能力和意愿，注意他们的差异性。想好在孩子沮丧或心烦时该如何处理，如何有计划地鼓舞，何时需要更多的协助和引导，哪种方式更能使之独立。充分了解了这些才能有效地指引孩子朝他们的目标付出更多的努力。

我们也可以通过鼓励，帮助孩子达到目的。有许多可行的方法，有时在他们被打败前先伸出援手，有时就此旁观让他们自己解决问题。不管怎样，几句关心的话，轻拍他的背或适时的建议等，都会让孩子倍觉温馨。这是我们给父母的建议，简单的赞美不如加点鼓励。

不要随便批评孩子

批评孩子要掌握语言的技巧。

杰森先生忽然发现他12岁的宝贝女儿苏姗近来行动有些反常，常常早出晚归，而且常常有陌生男人打电话来找苏姗。

这天晚上，杰森先生听到苏姗在自己的房间里打了好长一个电话，就决定问个究竟。"是谁打来的电话？"

"一位同学。"听到父亲责问的语气，苏姗马上警觉起来。

"一位同学？年轻人，别在你爸爸面前耍小聪明。那你告诉我，那个经常打电话来找你的男人是谁？和你是什么关系？这几天晚上，你又到哪儿鬼混去了，直到夜半三更才回来。你说呀？"

苏姗显然有些承受不了："我……我……我去和社会上的流氓鬼混去了，你管得着吗？"说完这话，苏姗理也不理，气得父亲目瞪口呆、脸色苍白，而她冲进自己的房间，"砰"的一声锁上房门，此后任杰森夫妇怎么叫门也不开。

杰森先生和太太随后分析了造成这种局面的原因。首先是杰森凭借平常的现象，依靠先入为主的观念，已经认定苏姗的行为有问题、有危险，随即潜意识中早已认定女儿变坏了。这种出发点就容易导致苏姗的反抗态度。即使苏姗真的行为有错，小姑娘犯错也是难免的。关键是杰森和女儿说话的方式及语气并没有足够地表达出他对女儿的关心和爱，相反，更多的是对女儿的指责、不信任和怀疑。不平等的地位就不可能有真正平等、坦诚的情感交流。审察了自己的态度之后，杰森决定与女儿重新谈谈。

第二天，女儿一回家，杰森就看着女儿说："亲爱的，愿意和爸爸聊聊吗？"

"有什么可聊的？"苏姗态度仍然对立和冷淡。

杰森看在眼里，但依然镇定地对在座位上坐下来的女儿说："昨天晚上，我很抱歉，你一定认为我所关心的根本就不是你，是吗？"

苏姗呜呜地哭了起来："是的，我觉得我对你和妈妈只是一种无法摆脱的负担，在你们的心中，我是一个罪不可赦的坏女孩。"

"亲爱的，你是知道的，根本不是你想的那样。我和妈妈一直全心地爱着你的。也许，昨天晚上我的话伤害了你，要知道，因为对你的情况不了解，我心中充满了恐慌、猜疑和愤怒，我早已假定你的行为出了问题。实际上，我们的苏姗已经是12岁的大姑娘了，你是会保护自己，爱惜自己的。"

苏姗终于彻底缓和了态度，将信将疑望着父亲。杰森接着说："昨天晚上，看到你伤心的样子，我很心痛，真的为自己不能心平气和地和你谈话而感到抱歉和内疚。"

苏姗终于重新信任父亲了，她扑到父亲的怀里，呜呜地哭着说："爸爸，不要说了，都是我不好。你知道吗？昨天晚上我也好想和你谈谈，让你帮助我。我真的好怕呀！"

"好了，亲爱的，一切都会好起来的。无论如何爸爸都会全心全意地爱护你的。如果信任爸爸的话，就把你的心事说出来，好吗？"

其实，苏姗在校认识一个年龄很大的男孩保罗。保罗在见面后竟然向苏姗表示出不同于他人的好感来。开始苏姗还不觉得有什么，后来终于蒙蒙胧胧地明白了什么，心中很害怕。杰森听完后，并没有责备苏姗，而是亲切地抱起她来，高兴地说："看，我们的宝贝女儿，长成大姑娘了，也有自己的心事了。实际上这种情况，每个女孩子都会遇到的。让我们来共同面对，好吗？"

杰森随后和女儿苏姗共同讨论了怎么有效地保护自己，怎么应付目前的情况。任何单方面的批评都是无效的。它只能在你与孩子间造成隔阂，而不是真正的交流。你愿意做善于理解的父母，还是不近情理的父母？真正的理解意味着要采取一种宽容和倾听的姿态而不是先入为主的姿态与孩子进行交流。

美国的心理学博士托马斯·哈奇认为，分享他人情感，是个人和他人和谐交往的基础。通过让别人分享自己的成功、快乐和幸福，通过分享别人的成功、快乐和幸福，孩子会更加了解他人的心意，关注人的情感，追求高质量的情感生活。即使是生活中的不幸、痛苦和悲伤的情感，如果能够相互分享，共同承担，不仅有利于培养孩子的同情心、关爱之心，而且能够增强他们独立自信地去面对不幸、战胜困难和调节情感的能力。

每个人都必须和他人相互交往，进行情感分享，对于情感生活是生活主要色彩的孩子来说，更是如此。只有那些真诚地接纳别人，由衷地欣赏别人的人，才会得到别人真诚的接纳和由衷的欣赏；只有倾心向往美德、成功和爱的人，才能体验到美德、成功和爱的阳光。

批评孩子要具体问题具体分析

爸爸走到他自己的工具间，看见工具扔得到处都是，旁边放着儿子杰克的一个玩具，但杰克并不在工具间里。爸爸怒气冲冲地走到房间时，见杰克正在玩他的电子游戏，于是爸爸一把将他抓了出来，带到工具间，说："这些是什么？我已经告诉你多少次了，要把工具放回原处。"杰克害怕极了，现在他才想起来，他刚才在工具间想修好他的玩具车，可这时候，妈妈来叫他接电话，杰克跑过去，拿起电话，和朋友聊了半天。放下电话以后，他忘了正在修理的玩具车，所以就玩起了电子游戏。现在，他怎么向爸爸解释呢？看着爸爸怒气冲冲的样子，他感到非常沮丧，这种事情已经发生了很多次了。

"这下我又让爸爸生气了，我想我是做不好任何事情的。我为什么总是这样没记性呢？"他心里责怪着自己。

现在让我们看一看，如果杰克的爸爸换一种方式处理这件事情，结果会是怎么样呢？爸爸到工具间看到散乱一地的工具后，走回房子，发现杰克在玩电子游戏，爸爸抑制住自己的不快，非常平静地对杰克说："杰克，你和我一起到工具间去一下，好吗？"等他们到了工具间，爸爸和杰克一起查看了工具间乱糟糟的情景，对杰克说："看来，你是想修你的玩具车，对不对？"

"是的，我是想修我的玩具车。"杰克非常窘迫地说，"但是我听见妈妈叫我去接电话，后来就把这件事忘了，再说，我折腾了半天，也没有把这个玩具车修好。"

"噢，那我们现在一起来看一看你的玩具车出了什么毛病。"于是爸爸和杰克两个人一起修理玩具车。修好后，爸爸对杰克说："那么下次你应该记住把工具放好，好吗？"这样做，爸爸既指出了杰克的错误，提出改正建议，又没有损伤杰克的自尊心，杰克就不会对犯错误产生恐惧感；孩子犯错后有勇气承认错误，更有勇气改正错误，在心里就不会产生挫折感，且让孩子知道犯错误并不会影响父母对他们的爱。

我们批评孩子的目的是什么？仅仅是为了批评而批评吗？不，我们的目的是帮他解决出现的问题。孩子需要你的帮助来规范行为。在对孩子的引导方面，你有着非常重要的影响力，这些影响力有助于履行你作为父母的职责。但是，随着孩子年龄的增长，你也会遇到更为棘手的挑战。

在探讨日常生活中如何批评孩子的具体问题之前，你有必要了解批评孩子的真正目的。对许多父母来说，批评是养育孩子过程中最困难的部分，这是毫无异议的。孩子经常是通过犯错误，而且是饱尝了错误行为的恶果之后，才能学会恰当的言行举止。或许这真是不幸，因为在孩子多次尝试超越批评限度、多次犯错误的过程中，他们也多次触动你的感情闸门。于是你变得生气、愤怒，你的权威似乎受到了威胁，作为父母的信心也被搅乱。有时，你必须全力控制自己，并提醒自己批评孩子的目标是什么，而不能只是一味生气。

批评孩子的时候千万不要打击他的自信心

心理学教授塞德兹向哈塞先生讲述了一件令人痛心的事：我的同事，罗塞尔先生曾经做过一件极为愚蠢的事。这位有三个孩子的父亲——从事心理学研究的学者，居然采取了荒唐的教育方法使自己的儿子遭受了人生最大的不幸。

吉姆是罗塞尔教授的大儿子，从他刚刚出生之时起，就一直表现出超出常人的才华。小吉姆3岁时已经会阅读和书写了，这一点他和塞德兹先生小时候几乎一模一样。如果他能够得到正确的指导和合理的教育，他的成就绝不会亚于今天的心理学教授塞德兹先生。然而，这个孩子的不幸正是由他的才华引起的。吉姆不但有才华，也是一个开朗的孩子，喜欢把自己的快乐与他人分享。这本来是一件很好的事，但是他的这种快乐性格却引起了父亲的不满。因为吉姆的父亲罗塞尔先生性格内向，不喜欢与人打交道，也不爱在别人面前表现自己。正如他自己所说，一个人应该谦虚，应该稳重，不要总是那么自以为是。

"吉姆，你又在嚷嚷什么？"当一次吉姆在高声欢笑时，罗塞尔先生问道。

"爸爸，我又读完了一本书。"吉姆高兴地对父亲说。

"读完一本书是很平常的事，何况任何一本书都是有趣的，你用不着那么高兴。"罗塞尔先生说道。

"可是，这本书的确太令我愉快了。还有，我居然能把这么难懂的书读完，真是感到兴奋。"吉姆说道，似乎正在等待着父亲对他的肯定。

或许是由于吉姆的性格与他不同，或许是他认为受到了儿子的干扰，罗塞尔先生突然发怒起来："你吵吵嚷嚷的干什么？你以为只有你才有这个本事吗？我看你就是个骄傲自大的孩子。你是在等待着我的表扬吗？告诉你，我永远不会表扬你。"

"爸爸，我做错了什么？"受到责骂的吉姆委屈地说道。

"当然，你没做错什么。但我警告你，不要成天叽叽喳喳的，这让人烦透了。"罗塞尔先生继续训斥儿子，"你不要以为自己是个了不起的天才。我告诉你，你什么都不是。我以后再也不想听到你的那种赞扬自己的声音了。你是笨蛋，你是在自欺欺人。"罗塞尔先生说完"砰"的一声关上了房门。

站在门外的吉姆伤心地哭了起来，他不明白父亲为什么这样。他本想和父亲一起来分享自己的快乐，还想向父亲请教一些他不明白的东西。可是现在，他突然发现父亲并不喜欢他这样。突然之间他的那种良好的心态消失得无影无踪。一种极坏的感觉涌上了心头，他的快乐和自信被另外一种东西所取代：我是个很糟糕的孩子。从那以后，人们再也没有看到吉姆脸上的笑容，他完全变成了另外一个人。

这个原本极有才华的孩子最终一事无成。很多父亲对于自己粗暴的行为不以为然，他们说："打击孩子并非完全是一件坏事，或许还会对他们有所帮助呢。有些孩子似乎天生就有一股野气，如果不给他们一点小小的打击，恐怕会飞上天去。"但是这件事也许会改变你的观点。

事实很明确：一个心理受到打击的孩子必然会变成一个毫无作为的人。如果说得不到鼓励的孩子如同久旱的秧苗，那么那些不但得不到鼓励反而时常受到打击的孩子只会变成渴死的枯草。

塞德兹认为："打击只能使孩子变成一个懦夫，变成一个无能的人。当然，放纵孩子也不是一个明智的做法，但起码能让孩子自由自在。打击却不一样，它能毁掉孩子。"你一定要相信这一点。

第五章
做孩子的好榜样

一、言教不如身教

让孩子成为一个勇敢的人

尽管帕克是一个年仅 4 岁的男孩，但正在接受考验成为一名勇敢者。在生命的头三年里，他一直忍受着慢性耳炎的折磨。去年，他终于做了外科手术，在耳朵里插了根导管以缓解病痛。由于手术期间，小帕克一直很紧张，父母称他为"勇敢的战士"。

今天，爸爸要带帕克去医生那儿打针，一路上，帕克非常安静。当爸爸问他，打完针后要什么奖赏时，帕克说："我想要勇敢战士应该要的东西——冰激凌！"

勇气是成年人的一种可贵品质，但在孩提时代，它常常姗姗来迟。如果幸运，你的孩子或许不会很早就遇上重大的甚至恐怖得足以考验人勇气的事情。但是，一旦成为成年人，很多时候，他们不得不瞪大眼睛，鼓足勇气去迎接困难。所有的孩子，在他们努力奋斗获得勇气之前，有必要了解勇敢的真正含义。父母有责任向孩子讲解什么是"内心勇敢"，什么是"外表坚强"。对于大一点儿的孩子，有必要提醒他们，勇气并不是指体力的强壮，相反，是起自于内心坚持做某事的力量。即使是小孩子，也可以因勇敢而强大无比。这一点在孩子的童年时期是需要反复强调的，因为由于受到动画片和所谓英雄行为的影响，小孩子容易将勇敢和力气混为一谈。你还应让孩子知道，无论男孩女孩、男人女人，勇敢是他们都应具备的一种品质。

世上有好多例子，有助于我们向孩子讲解勇敢是不受性别限制的。现实生活中，有许多男孩或女孩，男人或女人，在恶劣环境中表现得坚强而勇敢的榜样，也可以用你自己亲身经历的一些故事，告诉孩子勇敢的真正含义。相反，孩子也需要知道什么不是勇敢的行为。例如欺凌弱小就不是勇敢，而是一种软弱。只有那些心灵渺小的人才会做出恃强凌弱的事情。自我吹嘘、夸夸其谈也不是有勇气的行为。

勇气是一种充满自信、不事宣扬、宁静平和的品质。要锻炼孩子的勇气，其实常常是对父母自身勇气的一个考验。日常生活中，大多数孩子不得不面对各种各样的恐惧和培养勇气的机会——如在医生办公室、在牙科诊所、在学校、在夏令营等。这些日常琐事给予孩子学会勇敢的机会，这是孩子学到勇气的最佳途径。当你的女儿面临一些棘手的事情时，比如给她的 5 年级同学背诵一首诗，她就有机会开始感受勇气了。尽管有些焦虑，有些恐惧——譬如手心出汗、心跳加速——但她还是选择了坚持下去。

你的孩子需要用勇气去做一些决定，例如是否随同大家坚持做下去，或者有勇气说出："那不是我该做的！"这都是勇敢的简单的体现形式。尽管有恐惧，尽管有焦虑，尽管有压力，但只要是必要的和正确的，就一定要坚持到底。这就是你该告诉孩子的。只有教导孩子在这种些微的小事中不断练习，勇气才能发展成为孩子身上的一个显著特征。如果父母自身对困难，对带有一些危险性的活动非常害怕，不难想象这样的家长会培养出什么样的孩子。

有时父母仅仅是为了孩子的安危而担忧，为了防止万一而牺牲了孩子锻炼自己的机会。这样做其实是非常自私的，家长更多地是为了保护自己的感情不要受到万一可能发生的危险的伤害，害怕自己不能承受由此而带来的沉重打击，因此为了保险而加倍地保护，使孩子养成缺乏勇气的弱点。把这种自私抛开吧！

为孩子的将来着想，大胆地鼓励孩子去做自己能做的事情吧，让他成为一个勇敢的孩子！

让你的孩子积极快乐起来

6 岁的莎拉被选中做小模特。一天，她提前 15 分钟来拍模特照片。刚被介绍给摄影师时，对方还没有来得及说话，她就开口了："你知道吗？上回我去迪斯尼乐园，每匹马都骑了两遍。"

"很好。"摄影师一边对镜头一边回答，"现在你坐下，我们要调灯光了。"

"你知道吗？"莎拉一边摆好姿势，一边又说道，"我 4 岁就开始当模特了。

当时我姐姐莎莉就是模特，我看着她当，于是也想干。我父亲说：'好吧，你能做好的。'所以我现在就干上模特了。而莎莉却不干了。"

"噢？"摄影师被这位话多的小女孩吸引住了，"你喜欢当模特吗？"

"太喜欢了！"莎拉答道，小脸上因兴奋而闪着光。

"别动，你的表情太好了！"摄影师按下了快门。

而莎拉还在喋喋不休。她说话时，能保持笑容不变。"我太喜欢了！我去纽约时，妈妈带我去看过一次演出。我总是被介绍给许多人，他们给我拍照。我会成为一个真正的商业明星的。莎莉不喜欢当模特了，而我和妈妈总是不断地到处走。"

真是一个快乐而自信的小姑娘！有莎拉这样的乐观孩子生活在周围，是一件令人愉快的事。他们的热情和愉悦能感染周围的人。根据《乐观儿童》的作者、心理学家马丁·塞利格曼所称，乐观不仅是比较迷人的性格特征，它也能使人对生活中的许多困难产生心理免疫力。他做过多达 1000 次的研究，研究人数达 50 万（包括成人和儿童），结果发现，乐观的人不易患忧郁症，在学校和工作中都更容易成功，而且令人吃惊的是，乐观者的身体比悲观者更健康。

马丁·塞利格曼最重要的发现是，即使孩子天生不具备乐观品性，也是可以培养的。早期的乐观主义基于孩子个人的信念，而你对于孩子接受新挑战的积极态度，更增加了他的信念。通过你的言行，可以传达一个重要的信息，这个信息可以激励并保持孩子早期的乐观主义态度，它就是："你可以做到。"做父母的自己首先应该是乐观向上的，因为你的积极的生活态度为孩子做出了榜样，孩子们自然而然地去模仿和追随你的行为和态度。而且，你一定要多鼓励他，对他做出热烈的回应。随着孩子的成长和进步，他们会经历行动中的积极变化。3 岁的孩子惊奇于自己所能做到的任何事情。

如果你对孩子说："我为你今天所学的东西感到骄傲！"那么，孩子会记住自己的进步。此后，他会意识到，一些积极的变化正在发生。"你已经学会走、跑、蹦、跳了——很快你就能学会骑自行车了！"就像孩子刻在门框上的成长痕迹一样，父母对进步的积极反应，是对于孩子在成长阶段中乐观主义精神的一种锻炼。你 14 岁的女儿，由于与同学在友谊方面起伏不定，可能正经历着窘迫时期，并且，像其他少女一样，她可能正在努力地去识别"她是谁"。不幸的是，在这种探索过程中，孩子可能把自己与学校里最为聪明乖巧、最受欢迎的女孩相比较，以确定自己的位置。这些比较对于孩子来说，无论从哪个角度看，都于事无补。相反，如果女儿拿出在自我成长阶段的成绩记录，她就会找到自尊和自信，从而乐观地面对未来。

如果你对孩子说："这是你出生第一天时的照片，从那时起到现在，你已经成长为一个出色的孩子了！这些年来你变化这么大，看到你的成长真是让我惊喜！我希望你好好回想一下，从你出生第一天到现在所学的所有东西，并把它们记录下来。你可以写一些重大的事情，例如，学会说话、学会走路。也可以记一些小事情——像怎样学会了做晴雨表，学会了计算多位分数。下周五，爸爸和妈妈要和你一起出去吃晚饭，带着你的记录庆祝至今你所学的一切。当然，我们也要谈一谈其他你喜欢的事情，包括暑期计划、学年计划、下一个周末计划等，因为你还是要继续成长的。"这一安排能建立一个到目前为止，孩子所取得的每一项成就的真实记录，无论这些成就是巨大的还是微小的，它都将有助于孩子了解自己令人惊奇的成长过程。

这是孩子迎接今天和明天各种挑战的个人能力的神奇见证。

让你的孩子也幽默起来

对于 9 岁的莫瑞斯来说，一整天都充满了乐趣。好像每一件事都让他觉得非常开心，每一件事都会引出一个笑话。昨天晚饭时，刚刚从密歇根来的爷爷给他们讲了一些有趣的故事，都是关于他小时候搞的一些恶作剧。家里的每个成员几乎都笑出了眼泪。

今天，莫瑞斯决定也要让家里人笑个够。首先，他把挨着爷爷房间的那个浴室里的马桶用塑料盖住。接下来吃早饭时，他把一个垫子放在了妈妈的椅子上。到了午饭时，他把写着"开玩笑"字样的小纸条放在了餐桌的餐巾纸下面。刚才他正和妹妹计划，把凡士林油涂在爷爷卧室的门柄上。莫瑞斯果然出手不凡，不久，他的父母都大喊"认输"。

著名幽默家克瑞格·威尔森曾经说过："在我的成长过程中，幽默是生活中的七彩阳光，没有它，就没有我五彩缤纷的童年，也没有我充满欢声笑语、幸福无限的家庭。"克瑞格·威尔森曾讲述了发生在他身边的生动事例：他的父亲因患重病被送往医院，医生当天诊断后称其父活不了几天了。威尔森到医院的病房里看望父亲时，父亲满面笑容地说："噢，你来了，这会儿我霍森费尔正准备去上帝那儿请上几年假呢！"当然，"霍森费尔"并不是他父亲的名字——实际上，它是他父亲在和朋友联系业务或在饭馆订餐时最爱用的绰号。威尔森的父亲在当时用这个绰号是想以轻松、幽默的口气来告诉他，最危急的时候已经过去了。

威尔森回忆说，他的祖父有天早上系着一条被弄脏的领带来吃早餐。"你领带上弄上什么了？"祖母指着上面的污点大声叫道。"它怎么了？"祖父一脸的迷惑。"它被弄脏了。"祖母一副毫不饶人的样子。"嗨，"祖父扫视了一下众人，然后用一本正经的口气说道，"我想这是对我的十分严重的指控！"整屋子的人一下子都被逗得哈哈大笑，而且直到很久以后，在他们这个大家庭里，一旦出现家庭琐事上的争执，时常会听到有人故作正经地说："这可是对我的十分严重的指控！"

幽默是父母和孩子沟通的最好桥梁。父母和孩子之间不时地分享一个笑话、一个有趣的故事，会使生活中充满欢声笑语。欢笑是精神上的灵丹妙药，它能让孩子更加热爱生活，减轻孩子遇到的压力。无论你是否把自己视为一个幽默之人，你都可以靠着让人忍俊不禁的话语与一脸灿烂的笑容来给你的家庭平添无限的幸福与欢乐。幽默感有助于凡事认真的父母能做到"让孩子充分展示孩子的天性，有属于自己的快乐的童年时光"。

如果做父母的总是希望孩子凡事都要做得正确而完美，对孩子的期望值总是太高，那么这将导致孩子缺乏自信与乐观。父母在教育子女时，若能做到幽默风趣、循循善诱，将收到事半功倍的效果。即使孩子做错事了，父母只要平心静气地劝导，而不是简单、粗暴地训斥，孩子日后的进步常常能令父母惊喜不已。欢笑可以抚慰人的心灵，尤其当人们精神极度紧张、悲痛之时，欢笑可让受伤的心灵得到积极的、良好的治疗。没有什么能像一阵哈哈大笑那样消除紧张气氛、给冲突双方带来心理上的平衡了。

日常相处中的对立与发怒可被其中任何一方的风趣幽默所缓和平息，一些颇为难堪的场面则可被轻松化解。鼓励孩子具有幽默感，始于你自己欣赏和表达幽默的能力。你做的可能是非常严肃的工作，一天 24 小时中，完成你全部的工作、履行你的家庭责任是一件持久的、有压力的事情。但是，人们并不是每时每刻都在超负荷运行。

生活中，有的人时刻保持着幽默感，无论在工作中、在交通高峰期或在匆忙准备晚饭时，他们都能这样做。多数工作繁忙的父母在周末的时候，不得不有意识地努力改变一下生活节奏，使他们的生活中充满幽默的味道。

给自己的孩子一个笑脸吧！做父母的应该学会幽默。当你把孩子逗得哈哈大笑的时候，你的家庭与生活必然会充满七彩的阳光。

培养孩子的同情心

8 岁的凯文和妈妈一起来到商店，当他妈妈在商店选购食品时，他看到一位妇女，大约与他奶奶年龄相仿，提着满满的一包东西正走向门口。凯文立即紧跑几步，替老奶奶打开了门，老奶奶对他的体贴报以热情的感谢。

一会儿，一位年轻的母亲走过来了。她一手抱着婴儿，一手提着购物袋。凯文再次敏捷地打开了大门，又得到真诚的感谢。后来，又走过来一位手端咖啡的男人、一位老年妇女、两个边走边聊的少年，凯文为他们每个人开门，得到每个人的感谢。凯文想象着这些人心里的感受（即使他们都没有说出来），为此而激动不已。

17 岁的比尔更了不起。比尔家住新泽西州布鲁姆菲尔德，由于家境贫寒，他较早就帮父母挑起了生活的重担。经亲戚的介绍，他在汽车修配厂找到一份工作。然而，他只干了两周，便被老板解雇了。回到家中，父亲问他为何被老板解雇，比尔回答说："有一位年轻人到汽车修配厂，取自己前几天送来修理的车。老板告诉他说，他送来的车已修理好了。我知道老板在说谎，于是便如实相告。老板让手下的修理工人所做的，只是简单调节一下化油器，而对于这辆车的真正毛病，并没有进行修理。"

这位 17 岁的小伙子知道，来修车的年轻人计划在车修好之后，开车带着全家人前去加拿大旅游。如果自己不把实情告诉他的话，那么他的一家人在漫长的旅途中，时时都面临着危险。"我绝对不能让他们出事，哪怕我因此而丢了饭碗。"比尔说道。父亲眼里闪着光，说道："比尔，你做得好！"

哥伦布大学德育中心主任、儿童心理学家迈克尔·斯卡尔曼说道："如果我们富于同情心，那么当别人处于危难境地时，我们就有一种帮助对方的强烈冲动。"斯卡尔曼把青少年的美德，归功于他们能够设身处地为他人着想——同情他人。儿童发育心理学家指出，同情心实际上包括两个方面：对他人的情感反应和认知反应。前者一般在孩子6岁之前发育成熟，后者决定较大孩子理解他人观点和感情的深浅程度。婴儿1岁前就有对别人的情感反应。如果旁边有孩子哭，婴儿会不断地转向他，并时时随之一起哭。

儿童发育心理学家马丁·霍夫曼把这种现象称为"全球同情心"，因为这时孩子还不能区分自己和世界，因而把别的孩子的痛苦视同自己的。1～2岁时，进入同情心发育的第二个阶段，孩子能清楚地分辨自己和他人的痛苦，并且具备了试图减轻他人痛苦的本能。6岁时，孩子开始了同情心发育的认知反应阶段，具备了根据别人的想法和行为来看待问题的能力。这种能力使得孩子们知道什么时候该去安慰正在哭泣的同伴，什么时候该让他独处。认知同情心无须交流（如哭泣等），因为他们内心明白痛苦时的感受，无论这种感受是否表现出来。到10～12岁时，孩子们的同情心从认识的或直接看得到的人身上扩展到陌生人身上。这阶段被称作抽象同情心阶段。孩子们对处于劣势的人，无论是否生活在同一社区或同一家庭，都能表示同情。如果孩子对他人表现出仁慈和无私，那么我们就可以说他们已经完全掌握表达同情心的技能了。

帮助孩子增加同情心，对于父母来说，是重要的事。"为了让你的孩子具有一颗同情心，你应该让他遇事多考虑一下他人有何感受。"斯卡尔曼教授说，"你不妨问你的孩子：'你认为如果你骂了你的哥哥的话，他的感受将会如何？'"与孩子认真讨论一下受到不公正待遇的人会有怎样的感受，并且帮助你的孩子学会敏锐察觉他人的内心感受。因为绝大多数的孩子，都能自然地表现出同情心。

许多研究结果也许会让人大吃一惊，无论男孩或是女孩，表现同情心的方式并没有太大不同。一般说来，男孩、女孩一样愿意帮助别人，但相比而言，男孩更愿做些体力上或"营救"之类的事（如教别的孩子学骑车等），而女孩则更能起到精神支持的作用（如安慰心情不好的男孩等）。孩子所处的社会阶层和家庭成员的多少都不会对表现同情的方式产生影响，尽管年龄稍大一点的孩子比小弟妹更能帮助别人。兄弟姐妹之间，如果年龄相差太大，那么大孩子就更容易帮助小弟妹。如果孩子出现没有同情心、不关心他人等"非天性"的行为，多数情况下可以在他的家庭中找到原因。

鉴于孩子们的乐于助人、善于思考的天性，父母有理由期望现实生活中小孩子的同情行为会更多。

纠正孩子的说谎行为

就像以前那些骗人的故事一样，8 岁的朱莉今天又说了一件让人嗤之以鼻、难以置信的事情。一群孩子围着她又笑又闹："放羊的孩子，放羊的孩子，小心大灰狼把你吃掉！"其实，朱莉心中和大家一样清楚，她说的都是谎言。可是，她编的谎话实在太多，时间一久，连自己都搞不清楚哪些是真话、哪些是假话了。

有天早晨，父亲问朱莉前一晚功课做完没有，朱莉很肯定地回答："做完了。""拿来给我看！"父亲还在坚持，可是朱莉说她已经收到书包里去了，拿出来很麻烦，况且父亲也看不懂，最后便说服了父亲不要看。后来，父亲发觉，朱莉因为怕他知道自己的成绩很差，因而常对作业的事情说谎。为了帮助朱莉面对现实，父亲决定不再相信她的一面之词。当朱莉吹嘘她在学校打了一个全垒打，父亲便立刻打电话给老师予以求证，然后告诉朱莉求证的结果。他告诉朱莉，今后每一件事情，他都会一一求证，直到朱莉开始说实话。

同时，父亲决定不再用问句和她对话，制造她说谎的机会。他要求朱莉直接将功课交给他过目，即使朱莉又要推托，他也不放弃，坚持说："朱莉，我一定要看你的功课，现在就请你去拿来。"最后朱莉发现，谎言在家里已经行不通了，只好开始说实话。有一天，父亲问朱莉地扫好了没，她回答说："好像还没。"父亲立刻奖励她的诚实并且大声称赞她："朱莉，我很高兴你告诉我实情。因为你很诚实，这次我不会因为你还没扫地就惩罚你，可是，扫地是你该做的事，你还是得去扫，扫好了才可以做其他的事。"

朱莉渐渐了解，说实话并不会造成灾难，后果也还不错。她决定要做个诚实的人。她开始喜欢上真实的自己，不再需要用谎话来美化自己了。社会学家发现，撒谎是孩子的本能，差不多在婴儿刚会说话的时候，就会否定事实，譬如刚刚打碎碗，却摇头不承认是自己干的。手上还粘着巧克力，却仍然否认偷吃过。这种拙劣的谎言往往只会引起家长一笑，认为这是孩子天真可爱的表现。

说谎具有心理基础，这是人类自我保护的意识和行为，通过否认事实逃避责任和处罚，在人类的头脑中形成反射，成为遗传物质。所以，说谎是人性恶表现的一方面，也是生存竞争的手段。1 ~ 3 岁孩子说谎，完全是本性的表现，在孩子认知能力和语言能力都发育不成熟的时候，纠正说谎没有什么意义。从 4 岁开始，孩子有了判断正误的观念，会知道说谎不对，诚实的天性占据了上风，孩子对事实有接近于固执的认同，反对说谎。这一时期，应该加强孩子的诚实教育，克制其说谎意识。

家长要多采用诱导、鼓励的方法，教育孩子说真话，不要说谎话。社会学家曾经做过实验，测验孩子对说谎的认识。92% 的 5 岁孩子认为说谎不对；只有28% 的 11 岁孩子认为说谎不对。很明显，5 岁左右的孩子最反感说谎，在这一时期进行诚实教育，效果最好。有些社会学家提出：5 岁以前对孩子的教育决定其一生，具是有一定的科学依据。伴随着年龄的增大，孩子开始区分说谎的等级，他会发现在生活中，会从说谎中获得好处。这大概有三种情况：说谎会避免惩罚，获得奖赏；说谎能帮助他人，得到友谊；说谎能保护个人隐私，得到一定自由。而孩子说谎，大多数出于第一种情况。波尔·艾克说过："对重要问题撒谎，使家长处理起来更困难，撒谎作为一个问题就更严重。撒谎腐蚀了人与人之间的亲密关系，说谎意味着不尊重被骗对象。"大概许多人对此话都深有体会，家长和老师对说谎的孩子非常头痛，纠正孩子的说谎行为是一个长期而艰苦的过程。

家长可以用三种方法对孩子的说谎行为进行纠正：

1. 内疚。在发现孩子说谎时，家长或教师假装相信孩子的谎言，并且将错就错，给予其很大的鼓励和奖赏，扩大谎言的影响，使孩子深深地感到内疚，唤醒其诚实的意识，从此作为训诫，不再说谎。这种方法在逻辑学上称为"归谬法"，把谎言引导到夸张可笑的地步，产生相反效果。譬如孩子撒谎说自己在学校得到表扬，家长可以邀请亲友为孩子祝贺，或向孩子的同学夸耀。谎言快要被揭穿的时候，对孩子震动最大，从此讨厌说谎。

2. 奖励。孩子说谎多数是为了获取利益，譬如给家里买东西谎报价格、占有他人的财物、嫁祸他人等后，应该毫不客气地加以揭穿让孩子认错，然后再给予奖赏，让孩子知道，诚实得到的好处，远比说谎得到的多。也可以采用对比方式，当孩子说谎而同伴说真话时，应该奖励说真话者，形成对比，刺激孩子。

3. 脱离。有的孩子长期说谎，多次教育都不改正，这种孩子如果不是心理障碍或生理性导致的，大多是因为和爱说谎的孩子混在一起，形成小圈子。发现这种情况，应该及时采取措施，把孩子与他经常交往的小圈子隔离开来，最好搬到别的地方，换一个环境。

当然，如果你自己都没有作出一种很好的表率，那你以前所做的一切都会前功尽弃。如果大人都认为说实话不是一件容易做到的事，又怎么要求孩子必须身体力行？孩子知道我们期望他们诚实、守信用，但父母做的和说的完全是两回事，难免孩子也和父母一样。我们怎能教孩子"诚实很重要"，自己却经常做不到呢？

二、让孩子树立责任心

引导孩子学习承担责任

14岁的戴维非常想得到一只小狗，但是他知道，父亲没有时间帮忙照顾它。他曾经在3个月的时间里，经常骑着自行车经过邻居的宠物棚，为的是看看那里的小狗。在此期间，他再三恳求父亲让他养只小狗。他承诺，他将从现在起天天照顾它、喂养它。为此，他还特地从图书馆借来了饲养与训练狗的书，认真地从头读到尾。他制订了一张图表，列出第一年中照看小狗所要做的全部杂务事，并在每一项后，加入他自己的想法，以表明他将负责到底。父亲也最终相信，他会负起责任。

周六，他们一起选了一只小狗带回了家。戴维果然实现了自己的承诺，把小狗照料得非常好。孩子现在能很好地履行自己的承诺，那么长大后，他也会为自己的行为负责，为他的工作、朋友、社会和家庭负责。

我们知道，一般的孩子是通过以下途径学会承担责任的：他们观察富有责任心的成年人的言行；完成委派给他们的任务；在实践中经历磨难和从错误中经受锻炼。作为父亲，你的目标很明确，就是把孩子培养成精力充沛、有荣誉感、恪守信用、富有责任心的年青一代。这项任务似乎非常艰巨，但像许多其他童年时期的必修课一样，它是从一点一滴学起的，其发展过程是潜移默化的。

初生儿和蹒跚学步的幼儿，根本没有能力学习和理解责任。他们忙于学习使用自己的身体，不断地掌握如何讲话以及了解这个世界。但实际上，这些都有赖于你如何满足他们的需要。他们尽力观察、聆听你的言行。他们观察你的言谈举止，你为自己和他人做了什么；他们留意你如何处事，观察你每天怎样忙于为自己和别人做事。就这样，这些所见所闻潜移默化地在他们的思想中生根发芽。学龄儿童已经开始能为自己做更多的事情了：他们自己刷牙、冲凉、洗澡、梳头、挑选衣物。他们甚至能喂养宠物，帮年幼的弟弟穿衣服，帮忙做简单的家务。同时，他们开始对学校和家庭作业采取认真负责的态度，并在运动场上遵守游戏规则。

在美国，13岁左右的孩子很热衷于学校工作、家务事和体育活动。他们在晚上调好闹钟并按时起床、洗漱、上学。暑假里，他们每周修剪草坪，学做保姆，以及参加集体签名要求学校改变一些方针，并且还为美国慈善组织募集资金。稍大一点儿的孩子会管理学校和家庭事务，帮助弟弟解决数学问题，帮忙做家务活，义务参加春季社区清洁活动，并且还能够为生病的老师筹集医疗费。对孩子来说，所有这些负起责任的努力都十分重要。他们有能力提供力所能及的帮助，并对自己的行为后果承担责任。在为自己或者他人提供帮助时，他们会有一种满足感。他们开始明白：社会是在分担责任和共同努力中运行的。有些孩子比其他孩子更容易明白这些道理，他们的个性特点也更能得以自由发挥。例如助人为乐，有些孩子需要更多的促进因素；有些孩子明白个人责任的含义；而另外有些孩子则竭力想为每一个过失找借口。

然而，所有的孩子都将在父母的引导下，学习如何承担责任。在一定程度上，孩子想承担责任的愿望，受到父母对他们的期望值和他们自身良好动机的影响。你对他承担自己的责任满怀信心与期望吗？归根结底，孩子的责任心的培养取决于你自己。

告诉孩子决不违约

珍妮和帕莎约好，星期六要到帕莎家去一起完成一个工艺作业。帕莎答应准备好工具和所需材料，由珍妮设计。这件事珍妮的爸爸妈妈并不知道，到了周五晚上，全家商量周末一起去爬山，再住一个晚上，周日回来。珍妮连想都没想，就举手赞成了。她回到房间给帕莎打了个电话，告诉她明天要去旅游，周六约定要做的事，周日回来再说。

帕莎十分不快，因为她为了这个约会，推掉了其他的活动安排，而且周一还要交作业，周日再做怕来不及。但珍妮不愿放弃这次旅游，说等周日回来再说，便挂了电话，同家里人一起去做明天出发的准备。

过了一段时间，帕莎打来电话，是珍妮的爸爸接的，听说是找珍妮，便交给了女儿。因为听到帕莎的声音中有些不快，爸爸不由留心听她们讲话，虽然不大清楚，但心里有了些想法。

等珍妮放下电话，爸爸问道："有什么事不愉快吗？"

"没有什么，一点小事。"

"这是我的不是，安排出游前没有问一下你有什么安排，就决定了。你是不是约了人家什么事？"

"噢，本来说明天做工艺作业，后天做也一样。"

"什么时候交呢？"

"星期一。"

"这不大好，一是完成作业是要紧的事，不能随便推移时间，再者帕莎恐怕已经做好了准备，违约不好。你忘了上次你约她来一起做游戏，结果她临时改变了主意，你是多么生气？"

　　珍妮犹豫了，妈妈理解她的心情："这样吧，你明天先去做作业，什么时候做完，我们就什么时候出发，反正也不太远，去了先休息，第二天再玩，好不好？"

　　这里全家人都为珍妮做了一点小小的牺牲，但这是值得的，爸爸及全家的支持教会了珍妮要对自己的行为、言行负责任，要尊重别人，要懂得约束自己的欲望。要培养孩子的各方面的品质，父母常常是要做出牺牲的。这也是做父母的应有的责任。

　　为什么现在的孩子往往缺乏责任感呢？当然，学校教育有责任，而根本原因也许在于做父母的缺乏这方面的意识。在家里，不少父母只让孩子充分享受他们的权利，却不让他们履行应尽的义务和责任。比如，包办、代替孩子的一切，孩子想要什么就给什么，甚至孩子到了学校里，还要送来吃的、玩的，根本不舍得让孩子为自己操点心。殊不知，就在这过分的溺爱过程中，孩子的责任心慢慢地淡化和消失。所以，我们今天有必要从小培养孩子的责任感。

　　教育孩子承担责任的现实目的是帮孩子根据他人的需求作出决定，而不是基于自我需求。这最终将影响父母对孩子行为的态度。通常，作为成年人，当自己出于同情别人并为别人考虑而且不图报酬时，这些人往往会觉得自己干得不错。但在孩子面前，大人则必须说明这类事实，因为这对孩子的价值观形成至为重要。当我们的孩子长大后，随着人生境遇的转换和时代的变迁，可能会形成与父母不同的价值观，我们不可能永远将他们纳入自己的道德体系，但我们给予他们一个牢固的基础，使他们在有意识的摸索中形成自己的价值观，他们会记住自己的父母是如何勇敢地对待自身的缺点，这种勇气与坦率会鼓励孩子做终生的探索与自我培养，不致迷失方向。

　　与负责任相联系的词包括：该受谴责、责备，有义务。教适龄儿童学习这些词的意思和读法，告诉他要记住："我要对自己的行为负责。"

让孩子敢于承担自己行为的后果

　　著名的天才儿童塞德兹小时候经历了一件不平常的事。有一次，小塞德兹做完功课之后，和格兰特来到了安迪斯大街。由于安迪斯大街聚集了很多艺人，所以是孩子们都乐意去的地方。那儿不仅有许多不同风格特色的表演，也有许多令儿童感兴趣的东西。

在儿子小的时候，每逢节日塞德兹都会带他去那儿，给他买一些具有异国风味的纪念品和民间特色的手工玩具。小塞德兹和格兰特走在因人群拥挤而显得更狭窄的安迪斯大街上，被各种好看的玩意儿所吸引。他们东走西看，还不时地各自讲述自己的计划。就这样，他们在不知不觉中逛了很长时间。正当他们陶醉在幸福的梦想之中时，一个比他们大得多的孩子突然出现在他们面前，并一把抓住格兰特。"你们刚才为什么欺负我的小兄弟？"大孩子指了指他身旁的一个孩子。

"什么！我们根本不认识他，怎么会欺负他呢？你们是不是认错人了！"格兰特对那个大孩子说。

"你可别乱说。我们什么时候欺负你了？"小塞德兹也喊了起来。

"你们还敢否认，就在刚才，你们撞了我一下。"小孩子不服气地说。

"原来是这样。"这时，小塞德兹突然想起，就在不久之前，可能是他与格兰特玩得太高兴，在蹦蹦跳跳之际，的确不小心碰了一下那个小孩子。没想到这种在生活中时常发生的小事却引起了这样不愉快的冲突。

"哦，我想起来了。我们刚才不小心碰到了你，但我们不是有意的，对不起。"小塞德兹立刻向那小孩子道歉。

"你们要拿出你们身上所有的钱给我的小兄弟。"大孩子恶狠狠地说。

"为什么？我们只是不小心碰了他一下，用得着这样吗？"

"当然，如果你们不愿意，有你们好受的。"

这时，格兰特被大孩子的模样唬住了，他害怕地对小塞德兹说："我看……还是……给他们钱吧！"

"不，这是绝对不可以的。"小塞德兹坚决地否定了格兰特的提议。大孩子一听小塞德兹这样说，立刻用力推了他一把，接着，他们就开始动手拉扯起来。到了后来，他们渐渐从拉扯发展到了打架。格兰特显得很胆怯，但还是进行了自卫。最后，小塞德兹扔过去一只铜壶，砸到了大孩子。回来后，小塞德兹对父亲讲述了这个遭遇。

"其实，在那种情况下，一味地忍让是没有用的，那是一种懦弱的表现。"父亲说，"你可以反抗和自卫，但用那么坚硬的东西打那个孩子，很容易使他受伤。这不太好。"

"是的，我就是因此而懊悔。为了一点小事就把他伤成那样，真是不应该。"小塞德兹垂头丧气地说。

"儿子，你不要这样想。虽然你出手太重，但也不能怪你，在那种情况下，你没有选择的机会。何况，这是那个大孩子自己不讲理，是他引起的争端。"父亲耐心地劝道。

"唉，我真后悔。"儿子叹了一口气。

"不，儿子，你不应该后悔，事情已经发生了，就只能自己去面对它。"为了让儿子从懊悔的情绪中挣脱出来，父亲接着说道，"敢于承担自己行为后果的人是坚强的人，而只会后悔的人是没有骨气的俗物。"

从这件事之中，小塞德兹对一些事物有了更深的认识。他不但懂得了以后做事要谨慎，而且还懂得了为自己的行为负责的道理。这一事件足以引起我们的思考，让孩子接受知识的熏陶，拓宽知识面，对孩子进行其他知识与技巧方面的教育是重要的，但这些都不是主要方面；一个孩子再聪明、有知识、有技巧，但缺乏责任心与综合能力，也是不健全的。从小到大，我们的孩子在很多方面需要培养，有时责任心与能力比知识性的技能更重要。如果用纲与目来比喻，知识是目，责任心与其他素质是纲，只有在纲准备好的情况下，才能运用目。正所谓"纲举目张"。

孩子经常会由于各种原因做出反常规的行为。例如他会打翻一个鱼缸，拔掉一株月季或者一时冲动和其他孩子打上一架。在这时候，你愿意听到"不是我做的！"还是"我为此事负责"呢？

有时候，孩子的勇敢与坚强更重要，只要你教导他认识到了其行为所可能产生的后果。就像小塞德兹的父亲说的：后悔是没有用的。敢于承担自己行为后果的人是坚强的人。

三、自己的孩子最优秀

告诉孩子他不比别人差

一个 16 岁的少年坚信自己将来能够进入美国最高的计算机研究中心工作，后来他靠自己的努力和自信，果然 19 岁便进入美国的硅谷，成为高级雇员的同时，又在攻读斯坦福大学计算机专业的博士学位。这个少年就是希尔。

21 岁时，希尔与苹果公司签署转让自己发明的软件协议时，这位青年的信心和实际的水平使苹果公司主动地签了条件极优惠的协议。希尔的成功，首先取决于他不断增强符合他实际能力水平的自信。希尔家庭美满，事业有成。他又要面对另一个挑战了，那就是：教导自己的孩子。希尔把自己的经验全部传授给了孩子。当儿子杰森的学习成绩跌入从未出现过的低谷时，他总是在他的耳边说句悄悄话："你不比别人差，别人能做到的你也能做到，丢点分算什么，看我们下次的。"这种发自内心的理解和鼓励，给予孩子精神和感情的支持，使孩子勇敢地面对困难。

当 5 岁的女儿杰西拿起笔按自己的想象勾画出汽车世界时，希尔总是富有激情地给孩子以夸奖，使还不太懂事的女儿有了能干成大事的感觉。这种自信渐渐培养了孩子的气质。一次，杰森又考试失利，听到老师的安慰后，他不以为然地说："一次考试不能说明什么。"一句话反映了孩子的自信。如果杰森平时没有自信心的话，他是不可能坦然地面对失利和老师好心的宽慰的。

自信心对一个人一生的发展所起的作用，无论在智力上还是体力上，或是处世能力上，都有着基石性的支持作用。一个缺乏自信心的人，便缺乏在各种能力发展上的积极主动性，而积极主动性对刺激人的各个感官与功能及其综合能力的发挥起着决定性的作用。一个典型的例子是人的记忆力。据科学研究表明，一般人的记忆功能只利用了人的记忆潜力的千分之一，而大多数人都认为我们的记忆水平已到头了，不可能再记得更多了。主观上的松懈，使得记忆神经缺乏刺激，因而与人类所应有的记忆水平相距甚远。

美国的一个教育专家做了一个实验，将一个学习成绩较差班级的学生当作学习优秀班的学生来对待，而将一个优秀学生的班级当作问题班来教，一段时间下来，发现原来成绩相差很远的两班学生，在实验结束后的总结测验中平均成绩相差无几。原因就是差班的学生受到不明真相的老师对他们所持信心的鼓励（老师以为他所教的是一个优秀班），学习积极性大增。而原来的优秀班学生受到老师对他们怀疑态度的影响，自信心被挫伤，以致转变学习态度，影响学习成绩。信心就像能力的催化剂，将人的一切潜能都激发出来，将各部分的功能协调到最佳状态。而潜能高水平的发挥在不断反复的基础上，巩固成为人的本性的一部分，将人的能力提升至一个新的水准。那么一个人如果是沿着这样的积极上升式的路线成长，可以想象其积累效果是十分可观的。希尔的发展历程便证明了这一点。

美国从小学一年级开始，就有许多课题选择机会，要求学生自选题目，自组程序，到图书馆、实验室和博物馆做调研，完成课题研究。而在家庭中，父母也尽量创造条件，让孩子自己找出问题的答案。因为他们深信，会独立思考、有开拓精神的人，都是有自信心支持的结果。

美国的家长常常反对这样一种态度："你还小，懂什么？让我来教你，你照我说的去做。"他们认为这种态度的根据在于对孩子的知识、智力水平的错误评价。不能低估孩子自我观察与学习的能力，他们在赞叹自己的孩子聪明的同时，仍能打破成见，以客观的眼光去发现孩子的智慧。

给予孩子自信，这是每一位父母都应该做到的。在我们的生活中，有了自信，就有了成功的希望。告诉你的孩子吧："你不比别人差！"

用鼓励代替斥责

一个三口之家来到餐厅用餐。服务生先问母亲要点什么，接着问父亲要点什么，之后问坐在一边的小女儿："亲爱的，你要点什么呢？"

女孩说："我想要热狗。"

"不可以，今天你要吃牛肉三明治。"母亲非常坚决地说。

"再给她一点生菜。"父亲补充道。

服务生没有理会父母的提示，目不转睛地注视着女孩问："亲爱的，热狗上要放什么？"

"哦，一点西红柿酱和黄酱，还要……"她停下来怯怯地看一眼父母，服务生一直微笑着耐心等着她。

女孩在服务生的目光鼓励下说："还要一点炸土豆条。"

"好，谢谢。"服务生转身径直走进厨房，留下两位吃惊不已的父母。

"你们知道吗？"女儿避开父母的目光，望着远处，轻声细语地说，"原来我并没当真的。"可以想象，这个服务生带给女孩的不单单是平等，更多的是自信。

在美国，鼓励孩子表现自己，是一种常识。家长对孩子常说的话是："你是最美丽的、最聪明的孩子，长大后一定会当总统！""失败怕什么，这次不成，下次不就成了嘛！""啊，考了80分，不错啊！比老爸当初强多了。"更多的是从家长的嘴里吐出"孩子，我为你骄傲"之类的话。

在孩子的成长过程中，接受鼓励而产生自信心是非常重要的成长内容。在孩子的幼年时期，面对着多彩世界，他们常常感到束手无策，但是，仍然有勇气进行各种尝试，学习各种方法，使自己能够融入这个世界中。但是在这个时候，父母往往无意之中给他们设置了许多障碍，而不是帮助他们。父母这样做的根本原因是不相信他们的能力。在父母的意识中已形成一定的偏见，如两岁的孩子如果帮助你拿盘子的时候，你对他说："不要动它，你会打碎它的。"这样你虽然保全了那个盘子，但是你的举动在他的信心上投下了阴影，而且推迟了他的某种能力的发展，或许你阻止了一个小天才的产生。父母们常常不经心地向孩子展示自己多么有能力、有魄力、有气力。父母的每一句话，像"你怎么把房间搞得这么乱"，"你怎么把衣服穿反了"这类话，都是在向孩子们表示他们是多么的无能，是多么的缺乏经验。这么做只会使孩子慢慢地失去信心，失去了努力去探索、去追求、去锻炼自己的自觉性。

作为家长常常还有一种先入为主的概念，认为孩子到了某种年龄，才能做某种事情，否则的话，他就是太小，太缺乏能力，不能做这类事情。其实往往孩子在那个时刻是可以做得很好的，但是父母却人为地推迟了他学会本领的时间。而这种做法，无一不使孩子失去自信，怀疑自己的能力，减弱他们的进取心。这些消极思想可能会影响孩子的一生。孩子的自信程度是表现在他的行为中的，如果孩子缺乏对自己能力的自信，对自己价值的信任，那么他所表现出来的就是缺乏效率、缺乏积极主动性，他不会通过积极参与和贡献，来寻找自己的归属感。

没有自信的孩子会很轻易地放弃任何努力，表现出自己是无用的，而且有时还故意做出逆反的事情。这样做的原因是他认为自己是无能的，不能作出任何有意义的贡献，是没有价值的，那么还不如做些恼人的具体事情，这样起码能得到别人的注意。家长主观而不问青红皂白随意训斥或打骂孩子，是最容易挫伤孩子自尊心和自信心的。你对孩子的赞许和鼓励是至关重要的，你对他们的反应有助于形成他们的自尊。

当你信任你的孩子，并让他体会到自己是一个有价值的、有能力的人时，孩子会渐渐坚信自己具备这些品质。你的反应对孩子来说，像一面镜子，可以反馈给他一个关于他自身价值的积极信息。在鼓励孩子尽其所能地坐、爬、走、交友、分享与他人的快乐，以及学习的同时，也是对其知识、才能、毅力以及成绩的具体的、积极的肯定。他愈有成就感，就愈有信心。

孩子自信的增长不仅仅来自于有心的家长经常给予的表扬和鼓励，而且来自于他对自己的能力和自身价值的信念。学会适时鼓励孩子并不是一件容易的事情，每一个做父母的都要仔细地研究与思考，如何去鼓励孩子，使他们养成经常反思的习惯。

尊重孩子的自尊心

父亲节上午，4 岁的女儿缠着乔治："爸爸，您有没有去开信箱？"

"有啊，可是还没有信呢！"乔治回答。

"您再去开开看嘛！"她要求再开信箱。乔治心里想，女儿一定在信箱中放置了些什么。于是父亲同意了女儿的要求。"走！我们一起去开信箱。"

打开信箱，有一束小花，躺在信箱的内侧。乔治小心翼翼地取出，惊喜地对她说："哇！好漂亮的花。这是你送给爸爸的父亲节礼物吗？"

"您怎么知道?"她的嘴巴翘得高高的,一副很得意的样子。那是一束普通的路边小花,不过对一个4岁的孩子来说,却是意义深远。乔治感谢着女儿,牵着她的手走进屋内,把花插在最漂亮的花瓶内,放在最显眼的地方。午餐时,乔治对家人宣布,我刚刚收到一份很特别的父亲节礼物,我非常喜欢。你知道吗?这位小女生整天都表现出很自信的样子呢!走起路来雄赳赳、气昂昂的。

当我们重视孩子,他就会获得自尊。两个男孩叫本和杰瑞,他们都是7岁,他们的爸爸都很爱他们。不过,两个人过着不同的日子。本清晨醒来听到爸爸的第一句话是带有命令口吻的话:"起床了,本!你就要迟到了。"

本起床了,自己穿好衣服(除了鞋子以外),进早餐。爸爸说:"你的鞋子呢?"你想光着脚去上学吗?看看你穿的衣服!蓝色毛衣配绿色衬衣,真难看。本,你的裤子怎么了?太老气了!我要你吃饭后把它换掉。我的孩子不能穿破裤子去学校。看你是怎么倒果汁的,你总是溅得满地都是!"

本又倒了一次果汁,又溅了满地。父亲很生气,一边看本拖地一边说:"我不知道怎么说你!"

只见本自顾自地咕哝着:"说什么!"

"再说一次!"爸爸急声问。

本于是静静地吃完早餐。换上裤子,穿上鞋子,收好书包,上学去了。爸爸大声叫:"本,你忘了你的饭盒!我看哪,如果你的头不是锁在脖子上,我敢说你一定也会忘了带。"

本拿了饭盒,刚要走出门,爸爸又提醒他:"记着啊!在学校要乖一点。"

可是杰瑞呢?杰瑞就住在对面街上。早上醒来听到的第一句话是:"杰瑞,你要起床呢,还是再睡五分钟?"

杰瑞转个身,打个呵欠说:"再睡五分钟啦!"然后他穿好衣服进早餐(除了没穿鞋子)。

爸爸说:"哇!你穿好衣服了!只剩鞋子没穿!啊,你的长裤有个裂缝,看起来好像会让整个裤子裂开,你要不要站好,让我将它缝好。或者干脆换掉算了?"

杰瑞想了想,说:"我吃饱饭就去换。"然后他坐下来,并倒了杯果汁来喝。

他溅出许多来。

"抹布在水槽。"爸爸转个身继续做他的事。杰瑞拿了抹布擦了擦桌子。他们俩聊一会儿。杰瑞吃完早餐，换了裤子，穿上鞋子，收拾书包，上学去。他忘了餐盒。

"杰瑞，你的餐盒！"爸爸追在后面，叫着杰瑞。他跑回来拿并谢谢爸爸。

当父亲拿餐盒给杰瑞时，彼此微笑着说："再见！"

本和杰瑞以后会成为什么样的人呢？一个小事例足以说明。学校举行演讲竞赛。一宣布这个消息，杰瑞就高高地把手举起。而本则低着头。一个孩子在家里受到尊重，在外面就愿意接受挑战；一个孩子在家里得不到尊重，在外面就会畏畏缩缩，不敢接受挑战。很显然，生活在自己被欣赏的家庭，孩子较可能会感觉到自己是优秀的，较可能积极面对人生的挑战，也较可能为自己设定较高的目标。

自尊心是每个健全人最深刻、最基本的需要，它是一个人受到合理肯定时，自己人格受到应有尊重时产生的一种积极的情绪体验。自尊心和进取心紧密相连。自尊是进取的基础，也是进取的动力，自尊心会每时每刻地鞭策着人奋发向上。一个人如果自尊心受到很好的保护，就会感到愉快和满足，易于产生不断进取的勇气和信心；相反，如果自尊心受到伤害，就会感到沮丧和失望，看不到自己的长处，整天心灰意冷、自暴自弃。

不要小看孩子，他的自尊心一点也不比成人差。一个1岁大的婴孩，只要你对他怒目而视，他会因为自尊心遭伤害而大哭不已。现在幼儿的自我意识正逐渐增强，心理也越来越敏感，家长们稍有不慎，便会挫伤孩子的自尊心。

孩子长大了以后，自尊心会更强，尤其有独立思考能力后，他会为了自尊，不惜代价对你充满怨恨。家长的话中其实带有种暗示效应。这种暗示效应无形中鼓起了孩子的自信心和做事的热情。比如，当孩子拿着分数不高的试卷回家时，很多父母往往不分青红皂白就对孩子大加训斥："怎么连这么简单的问题都不会？"事实上，这种说法会带给孩子一种负面的暗示。

如果老是唠叨："你这孩子真笨！"即使再乐观的孩子听多了也会往心里去，觉得自己真的不行。久而久之，将来真的会变成一个一事无成的孩子。这时，你不妨改变一种口吻，对孩子加以肯定和认可，对他说："努力做，就会考好。"这句话足以让孩子不再沮丧，慢慢改变自己的想法，认为："或许自己也能行。"这不正是你想要的吗？

四、引导孩子的艺术天赋

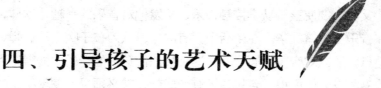

发现孩子的音乐才能

世界上很多少年钢琴家、少年小提琴家，在幼儿时期就显露出音乐才能，通过家长的培育，最后成为著名的音乐家。被世界称为"奇迹"的奥地利作曲家莫扎特，出生于音乐之家，他从小受到父亲的熏陶，对音乐产生了浓厚的兴趣。

莫扎特的父亲叫利奥波德·莫扎特，是宫廷乐师、作曲家。由于父亲注意培养莫扎特的音乐才能，他到了3岁时，就能用钢琴弹出乐曲中的片段；4岁时，父亲就教他弹钢琴；到了5岁时，他就开始学习谱曲。有一天，父亲为剧院院长的女儿创作了一首小步舞曲，叫莫扎特送去。路上，一阵风吹跑了乐谱，莫扎特只好跑到小伙伴家，自己在纸上写了一首曲子，送给了院长。第二天，院长带着女儿登门拜谢，对莫扎特的父亲说："你的舞曲太妙了。"并让女儿把舞曲弹了一遍。父亲听了很惊讶，说："这不是我作的舞曲。"莫扎特只好把经过说了一遍。父亲高兴地说："真没想到你写的曲子这么好。"莫扎特6岁时，随父亲到维也纳演出，立即轰动了在当时欧洲占有重要地位的维也纳音乐界。演出的成功，使父亲非常高兴，他决定带着莫扎特进行一次旅行演出。他们用两年的时间，在德国、法国、英国、荷兰和瑞士演出，这使莫扎特的音乐才能大有提高。

在旅行演出中，父亲也看出了莫扎特身上的缺点：音乐才能出色，但由于没有受过正规系统的教育，文化基础差。父亲认为这会影响他以后的发展，于是，对莫扎特进行系统的补课，教他学习拉丁文，学习音乐家必修的意大利文，还学习法文和英文。经过父亲几年的严格训练和莫扎特自己的刻苦学习，莫扎特已经能巧妙熟练地演奏钢琴、风琴、小提琴等各种乐器。他在父亲的指导下作曲，创作了大量的器乐合奏曲。13 岁的时候，他创作了第一部歌剧《赛普理济》。26 岁时，他的创作进入全盛时期。作品有《费加罗的婚礼》《唐璜》《魔笛》等著名歌剧，被当时世界著名音乐家海顿誉为"世界第一作曲家"。

作为父母，要使孩子从小接触音乐，诱发他对音乐的兴趣，这样，才有可能使孩子在音乐上显露才华。在生活中，有的父母认为孩子吹、拉、弹、唱，不会有什么出息，所以对音乐不屑一顾，这种想法使孩子的音乐才能得不到发展。发现，是培养和发展的前提，若想孩子有所成就，就必须尽早发现孩子的天赋，只有发现了孩子的音乐素质，才能更好地培养和发展。

作为父母，如果发现自己的孩子有这些能力，那么就要引导孩子向音乐方面发展，使孩子在音乐方面有所成就。也许，你的孩子就是另一个"莫扎特"。

从小培养孩子的艺术修养

俄国著名音乐家柴可夫斯基出生于维亚特斯基的一个矿区。父亲是一个送矿石原料的马车夫，母亲是平凡的家庭妇女。他在襁褓中的时候，母亲常常一面哼唱着乡土味十足的俄罗斯民歌，一面轻轻地拍打他的小屁股，使他在和谐的节奏氛围中安然入睡。

他醒过来以后，听见"的笃、的笃"的马蹄声由远而近，便知道是父亲回来了，就随着声音挥动着小手臂。他的父亲一回到家就逗他玩耍：把他放在双腿上，一面用嘴发出模拟马蹄的声音，一面轮流交换起左、右腿，使他东摇西晃，上下颤动，充分享受到了这一"节奏情趣"。

柴可夫斯基的父母并未有意培养孩子成为音乐家，但他们的"哄孩子睡"和"逗孩子乐"的动作，却在无意之中培养了孩子敏锐的节奏感，使柴可夫斯基自此与音乐结下了不解之缘。他少年时，常到矿山附近的一所东正教堂玩耍，最爱听节奏分明的赞美诗歌曲，从中汲取音乐养分。这些都为他写出节奏明快的芭蕾舞曲《天鹅湖》打下了基础。柴可夫斯基在《回忆录》中写道："我的父亲使我从婴儿时期就感受到音乐节奏的魅力，这是我走上音乐道路的起点。"

现在，许多年轻的父母也都热衷于培养孩子的音乐才能，在孩子进幼儿园的同时便为其购置乐器，令其从师学艺，但大多效果都不好。究其原因，就是这些做父母者并未懂得这样一个道理：促使孩子音乐天赋得到发掘和发展的决定因素并不是"责令其学习乐器"这一"硬件"，而是培养其节奏感这一"软件"。而这不是一蹴而就的事情，它有着自己的规律。

专家告诉我们，音乐能力的培养包含了听、唱、读、写、弹奏与创作 6 个项目，每个项目启蒙的时间，都与生理机能的生长阶段有关。

胎教：学听力。根据教育专家研究，耳朵是所有器官中最早成熟的，早在胚胎时期就颇具雏形，因此胎教音乐主要就是以培养胎儿听力为主。

3 岁：歌唱能力。歌唱能力是伴随说话能力而来的，大约 3 周岁就可以开始有系统地训练唱歌。

4~5 岁：读谱能力。4~5 岁，小朋友已开始看书，同时也可以开始培养阅读与书写乐谱能力。

5 岁半：弹奏。乐器的弹奏，与每个小朋友手指肌肉发展有关，就像握笔写字，若过早开始，难免影响肌肉的均衡发育。一般而言，5 岁半以后再开始，练琴的耐性会好些。

根据这个规律，我们应在 0~3 岁之间，培养孩子听音乐的习惯；3 岁以后，便可以开始开设歌唱课程，培养读谱和写谱能力；大约 5 岁半以后，耐性和肌肉都准备够了，才可以增设弹奏的项目。通过听、唱、读、写、弹奏与创作的循序渐进，孩子自然能跨入音乐的门槛。培养孩子的音乐才能切记一点，那就是不可强求。

音乐本是陶冶身心的，孩子将来能否成为音乐家是次要的事；关键是要创造一个音乐环境，让孩子生活于其中。经常聆听、欣赏美妙的音乐，孩子自然会变得情操高尚，热爱生活，从而具有纯美、善良的心灵。

不妨让孩子"随手涂鸦"

达·芬奇 5 岁的时候，就喜欢画画。他不停地用木棒在沙地上画出各种形状。母亲见了，一点也不禁止。她想的是如何满足孩子"随手涂鸦"的愿望。

母亲买不起纸和笔，就带着达·芬奇到教堂的神父那里去要纸和笔。这对小达·芬奇是个不小的激励。神父给了他们纸和笔，过了一段时间又来到他家。他见达·芬奇居然画出了一些惟妙惟肖的羊、狗和房子。这正是他平日里随心所欲"涂鸦"的结果。神父很惊奇，就把他画的画带回教堂，贴在墙上展览。达·芬奇的画轰动了整个村子，他的爷爷安东尼奥看了画，决定培养他。从此，达·芬奇受到了系统的教育，他不仅掌握了透视法和色彩学，还谙熟希腊神话和圣经故事。

这一段时间，他读了大量的文学书，这些书不仅完善了他的艺术境界，而且为造就他画家的气质打下了坚实的基础。达·芬奇14岁时，旅居佛罗伦萨的父亲皮耶罗回来探家，对达·芬奇的绘画非常赞赏。这时，村里有一个农民来见皮耶罗，求他回佛罗伦萨时找画家给他画一幅画，画在一块圆形的木制盾牌上。佛罗伦萨是艺术之都，画家很多，但是谁肯为一个乡下穷人帮忙呢？皮耶罗无奈，只好叫达·芬奇画这幅画。父亲的信任，使达·芬奇高兴极了，他苦苦思索了一番，最后决定画希腊神话中的妖女美杜萨。这段日子里，达·芬奇的画室里全是一些蛇、蜥蜴，他仔细观察它们的形象和神态，以画好美杜萨蛇。一个月过去了，父亲皮耶罗验收作品，他并没有想到达·芬奇会画得如何好，他只想尽快把画交给农民。当他走进画室的时候，他惊呆了。那块木制盾牌上，画了一张惨淡的女人面孔，她满脸怒气，满目愤怒，头上长满了虫蛇，互相纠缠，张口吐舌，画上的人与蛇栩栩如生。皮耶罗觉得这是一件不可多得的艺术品，他没有把画送给农民，而是把它拿到佛罗伦萨去参展，结果，画商以1000杜卡的高价，收购了这幅画。

父亲更加惊奇，他觉得农村不利于达·芬奇的发展，于是，把他带到了佛罗伦萨，拜见著名画师韦罗基奥。韦罗基奥誉满全城，前来投师的人络绎不绝，几乎所有的人都被拒之门外。达·芬奇本来也在被拒之列，正巧韦罗基奥正在画《基督的洗礼》，苦于找不到理想的模特画天使，于是就收下了达·芬奇，用他做模特。幸运的达·芬奇用心学画，刻苦学习，不久便成了韦罗基奥的得意门生。经过多年的苦学，达·芬奇终于成为世界著名画家。

几乎所有的孩子都喜欢在家里的墙上、地上乱涂乱画，因为他们已经有了表现的欲望，他们的内心已有了用线条、色彩来描绘的冲动。这时候，做父母的往往就会训斥他们。其实这是父母不懂得儿童的绘画心理。儿童美术活动要经历三个阶段。最初阶段叫"涂鸦阶段",是从1~2岁开始的,孩子用五个指头一起握住笔,在纸上信手乱涂。大约2~3岁,孩子能画出错综杂乱的线条,进入可控制的涂鸦阶段。3岁后,孩子对自己的"乱画"开始命名。4岁左右,开始画出简单物像的基本特征和某些细节。5~6岁才开始对绘画等美术之美有感性理解力,开始自己的创作:线条、结构、色彩。但他们的理解与大人们认识的并不一样,在色彩方面,孩子即使不是色盲,他们所"看到"(理解)的色彩也不一定是事物呈现的本来色彩。

儿童的美术活动是一个集眼、手、脑等多种器官的活动于一体的综合行为。父母在刻意培养孩子的美术素质而训练其美术活动时,一定要让孩子观察认识物体,积累感知形象,多安排"涂鸦活动"。在使用色彩方面放任自流,对孩子主动表现出来的表达欲望要给予保护,不能伤害孩子的兴趣和主动性,更不能以大人的目光去苛求孩子,抹杀孩子最初的艺术灵光。当然,父母也可以给孩子准备一块地方,或在墙上为孩子布置一面画墙等。对于7岁以上的儿童,更多的是让他们按照自己内心所感受到的线条与色彩去表现。儿童对美术作品的欣赏也同此理,不能太多地灌输欣赏、鉴赏性的知识与观念,而是让他们面对这些艺术品时,自己去感受、体悟、领略、比较,从中获得美感而非技巧。

儿童学习美术的目的不在于未来一定要成为表现大师,成为画家,而在于开发他们观察、体验生活的能力,在于培养他们感知艺术、自然、生活之美的情趣,提高他们的鉴赏力与人生境界,并且在现实生活中按照一种美的法则去创造。基于此,可以看出对孩子绘画的培养首先是随意的、涂鸦的,他们不是先构思好才开始,而是画出一定效果后去认识它们,父母应因此为他们惊喜,并且鼓励他们,因为这是他们观察生活、表现生活的开始。

五、跟孩子亲近

把孩子引向大自然的怀抱

2 月里一个晴朗的日子，苏霍姆林斯基领着孩子们来到寂静的、还有积雪的果园。"孩子们，你们仔细地看看周围的万物，你们能看到春天已经快要来临的标志吗？即使你们中间最不留心的人，也能看出两三种标志，而不仅看并且会想的人，就能看出几十种标志来。谁会欣赏大自然的音乐，他就能听出春天正在觉醒的第一组旋律。大家看吧！听吧！想吧！"苏霍姆林斯基对孩子们说。

孩子们开始活跃起来了，他们仔细地观察雪层覆盖的树枝，树木的外皮，倾听着各种声音，每一个小小的发现都使他们感到无比的欢喜，每一个人都想找到某种新的东西。以后每一个星期他们都来一次，而每一次都有新的神奇展示在他们面前。孩子们在大自然的怀抱里，观察力得到了训练，学会了区分理解和不理解的东西，教师们也惊喜地从学生那里听到许多聪敏得出乎预料的"哲理性"的问题。

苏霍姆林斯基把这种带领孩子走向大自然，陶冶身心，培养观察力的方式，叫作"蓝天下的学校"。他说："在打开书本教孩子读书时，先让他们看几页最美妙的书——大自然吧！在自然界里发生转折的时候，请你把孩子带领到大自然中去，因为这时候正发生着迅猛、急剧的变化：生命在觉醒，生物内在的生命力正在更新，正在为生命中的强有力的飞跃积蓄力量。把孩子带到田野里、牧场上、森林中，看天空变幻的流云，听自然界的虫鸣鸟唱，呼吸沁人心脾的清新空气，让孩子快乐地与大自然拥抱。这对孩子们感觉的发展、观察力的培养极有益处，而观察力的训练是智慧开发不可缺少的重要内容。"

阿尔伯特博士说："孩子来到这个世界上，对周围的任何事物都感到新鲜、好奇，在他们眼里，整个世界都充满着问号，他们喜欢这儿摸摸、那儿碰碰，不论什么东西，只要他们能拿到的都喜欢放在嘴里尝一尝。在这个时期里，父母应特别培养孩子的感知觉，发展孩子的观察力。"现代文明的发展，带来了许多不利的后果，尤其是都市化的加剧，人们的活动自然空间越来越少，住在城市里的孩子更是生活在拥挤不堪、高低层叠的钢筋水泥建筑群里，加之家长对孩子的过分保护，有意限制他们的活动范围，使孩子与大自然之间的天然联系日益减弱，他们很难观察到大自然的各种美丽奇妙的变化，这对他们的感知和观察力的发展，不能不说是一个挑战。

和孩子一起去旅行

印度文豪泰戈尔在提起他父亲时，总是难忘与父亲一起的旅行。在泰戈尔11岁时，父亲带他游览了山川大地，以便使他开阔视野。在桑迪尼克停留的日子里，父亲为了培养孩子的自信和责任感，让他掌握钱财，计划每天的生活开销。

旅行到阿默尔特萨尔时，父子俩又停留了更多的日子。这里的人是有神论者，他们的宗教要义强调一元神梵天的基本精神和人的友爱。父亲定期带泰戈尔去庙里吟唱颂神曲。这一活动大大丰富和陶冶了泰戈尔的情操，令他终生难忘。他们游览了许多名胜古迹，后来进入喜马拉雅山区。大自然的美使小泰戈尔陶醉了。

在这里，泰戈尔开始了他心旷神怡的山居生活。每天破晓前，父亲身裹红披巾，手执油灯，来床前叫醒泰戈尔，与他一块背诵梵文颂词，然后父子俩到山间林中逍遥游。回来后，父亲教他一小时英文，然后俩人跳进冰冷的水中沐浴。下午仍是读书散步。傍晚，父子俩在屋外平地上促膝而坐，儿子给父亲唱自己喜欢的颂神曲，父亲则给儿子讲述初级天文知识。

泰戈尔与父亲一起度过的四个月的旅行生活，是他童年时期最幸福、快乐的日子，也是他一生最有价值的感受。每当忆及此事，他总是十分感激父亲，是父亲领他走进了知识的大门，认识了生命的真谛。是的，只要有心，自然界的一草一木都可以随时成为教育的素材，自然界新诞生的一切都可以成为孩子认识与注意的对象。

世界再没有比大自然更好的教师了，它能教给人无穷无尽的知识，可是非常遗憾，大多数的父母和孩子却未能好好利用它。一朵花，一棵草，一块岩石，一只小虫都可以和动物学、植物学、矿物学、物理学、化学、地质学、天文学等各种知识联系起来。你可以顺手摘起一朵野花，叫道："小子，快过来，我们一起看看这朵花。"你可以一边解剖这朵花，一边向他讲解花的生长特点和作用，告诉他："这是花瓣，这是花蕊、花萼，还有随风飘洒的花粉，没有它，花儿最后便结不出果实……"有时草丛中会突如其来地蹦出一只蚂蚱，你可以逮住它，与孩子一起研究这只昆虫。你可以把蚂蚱的身体结构、习性、繁殖等知识尽可能地讲给孩子。你可以通过一块石头、一草一木等实用素材来对孩子进行最生动的教育，这比学校里那些死板僵化的动植物课程直观得多。你应该意识到，当你带孩子一起亲近大自然的时候，孩子被激发出来的智慧是令人吃惊的。

大自然是最好的老师。"回归自然"，进行自然教育，这是18世纪法国启蒙思想家卢梭当时就提出的一种教育思想，然而现在大部分家长还是没有意识到大自然对孩子智力发展的重要作用，这不能不说是一种悲剧。从根本上说，智慧并不是原始地存在于人的大脑中的，而是自然万物作用于人类的大脑的结果，是人脑对于信息的储存和加工，远离自然就是拒绝智慧。

告诉孩子艺术源于生活

作为一个父亲，哈默自己就是一位老师，他对教育心理学颇有研究。在长期的教学生涯中，他积累了丰富的教学经验。他不喜欢硬性地给学生灌输多种知识，启发式教学是他长年坚持的教学方式。他把这一套经验也应用在自己的孩子身上。

在家里，哈默非常善于引导孩子们从日常生活的普遍事物中，发现真、善、美。当哈迪牙牙学语的时候，哈默就常常抱着他到城郊的田野上，观看农夫在田野里辛勤地劳作。农民们在夕阳的映照下显得那么自然，春耕秋收，农民们把汗水洒在这一片广袤的田野上，收获的是金黄的粮食。在深深同情这些父老乡亲的同时，父子俩也发现了朴实而淳厚的生活中，蕴藏着许许多多美好与纯真的东西。

哈默常常抱着儿子，面对这种场景怔怔出神。哈迪呢，此时一改平常的吵吵闹闹，变得专注而文静，肃穆壮美的自然似乎吸引了他。有时，哈默会牵着蹒跚学步的儿子来到海边的沙滩上，海风轻拂，渔舟唱晚，潮汐像漫卷的雪花飞舞而来，那节奏分明的鼓点是一首永不停歇的欢歌……哈迪虽然尚不懂怎样去欣赏，去感受，但他还在发育成长的感官完全被融于声色绚美的画图中。即便在欣赏绘画时，哈默也非常注意选择与日常生活非常接近的图画。这种图画很容易勾起儿子的联想。画是儿子周围熟悉的事物的凝结与升华，通过图画，可以使小哈迪更好地赞美生活，而通过对生活的体察，又使他涌出如诗如画的圣洁情感。

这位父亲非常崇拜19世纪法国著名画家米勒创作的许多描绘人民日常生活的画作。在这位画家的画笔下，有在金秋时节拾穗的妇女，有给婴儿喂奶的慈母，有与儿童打趣的农夫……这一幕幕极为寻常的生活场景，都充满着令人感动的强烈魅力，仿佛是作者挥动一支点石成金的魔笔创造出来的美的奇迹。哈默经常带着儿子在米勒的绘画面前流连忘返。他说："儿子，你注意到了没有，这朵蒲公英上映着一圈金色的光环，闻到了它的淡淡花香了吗？你可以摸一摸这匹强壮的马，它的毛色是那么漂亮，马蹄在布满碎石的小路上发出清脆的声响。一个农夫清早起来，就在那劳作中不时发出了急促喘息，现在他想直起腰来稍稍休息一下……这是一幅多么绚丽的图景啊。"小哈迪在父亲循循善诱的引导下，自己的眼、耳、鼻、舌、身全都开放起来，忘情地感受着、体验着。这一切在我们生活中是多么似曾相识啊！原来生活那么令人热爱，那么令人如痴如醉。

我们大多数人却对生活那么漠不关心，熟视无睹。的确，如果一个人的心智并不健全，是很难在普通平常的生活中寻找美的景致的，迟钝的眼睛也很难在周围事物中捕捉美感。我们对周围的一切太熟视无睹了，"生活中并不是缺少美，而是缺少发现"，哈默对雕塑家罗丹这句话深为信奉。这位英文学校的老师认为审美教育是幼儿教育中至关重要的一环，通过审美教育，孩子会逐渐建立起正确的审美观、人生观乃至世界观，而美常常是与真、善联系在一起的，在前者的教育中我们可以由此及彼，自然地达到真与善的彼岸。这样就达到了陶冶情操、愉悦身心的目的。

现在，父母亲煞费苦心地让孩子接受自认为最美好最完善的教育，他们不顾一切地送孩子学美术、弹钢琴，经常让孩子上学校强化练习或请家庭教师闭门苦练。仿佛只有苦练、苦练再苦练，孩子才可能成为一个人人羡慕的艺术家。殊不知，艺术来源于生活，来源于现实，没有对生活中随处可见的美的感受与理解，任何艺术都是苍白无力的。闭门造车永远成不了艺术家！

我们的父母有多少曾带孩子采摘过山野的一朵小花？又有多少悠闲时光和儿子共看壮丽的日出、弯弯的月亮，并在寻常事物中使孩子获得对生活的超越性理解呢？请您记住，并告诉您的孩子，真正的美在生活中。

和孩子一起打球去

罗斯是一位著名的心理辅导专家。有一天，辅导室出现一位痛苦的爸爸，以低沉的声音说："我的孩子不读书没关系，只要能快乐地唱歌就好。"原来这位爸爸有两个孩子，老大就读著名大学，是个理科高才生；老二是个女生，从小就喜欢唱歌，成绩平平，比不上哥哥，但也算是不错了。爸爸内心有个尺度：这个女儿只会傻乎乎地唱歌，数学成绩难怪差。

所以爸爸常说女儿："唱什么唱，这个时间如果演算数学，成绩就不会这么差了！"爸爸的态度让女儿的笑脸日渐消失。上了中学，功课的压力大，父亲的期望高，远超过她的能力范围，所以日子很不快乐。紧绷的发条会产生弹性疲乏，这位本来爱唱歌的快乐女儿逐渐感到身体不适，脸上写着"忧愁"两个大字，可是只看成绩的父亲却未能发现。就在高中一年级的第二学期时，孩子精神分裂了。爸爸到学校办理休学手续，话语中充满后悔与难过，可是一切都已经太迟了！

因为父亲头脑中的害怕，所以产生许多教训；亲子对话，多半是属于"庭训"性质。当然父亲的耳提面命有时是必要的，不过亲子之间缺少了温柔与喜悦。难道生命是用来折磨、受苦的吗？

罗斯曾做过调查研究，他请来一些成年人，请他们与团体伙伴分享"小时候和父亲最愉快的记忆"。令人惊异的是，大家异口同声："跟爸爸一起玩的时刻，最快乐！"有的成员回忆道："小时候爸爸经常骑脚踏车载我。我坐在脚踏车的前面横杆上，他一面哼着歌，一面踩着踏板，我感觉很幸福。后来他越骑越快，于是开始飙车。我们共同找到路上骑车的对象来竞赛。我觉得他好棒。"有的成员说："小时候父亲带我们去河里钓虾。他用芒草打个钩，就当起钓具来了。在河流里钓虾子是爸爸拿手的本事。爸爸先把虾子钓到旁边的蓄水池里，让我们练习钓。光是三只虾子，我们就玩疯了，直到太阳下山还不想回家。"有的成员回忆这样的场景："父亲是个上班族。我小时候总能在傍晚的家门口巷道内听到他的摩托车声音由远而近，知道爸爸下班了，那正是我们玩'踢罐子'、'玻璃珠'游戏的时候。当时我们玩得兴高采烈，父亲加入和我们一起玩。那模样，和我们小孩子没距离，仿佛父亲的年纪与我们相近。"

现代的父母似乎太忙碌了，忙于赚钱、事业及应酬。因此，父母很少抽出时间跟孩子相处，不知孩子心里在想些什么，有什么需求，甚至认为有关教育孩子的事情，归学校负责。有时家长因为忙碌，或者观念上不知如何介入，以至于亲子之间很陌生，父母不知孩子的心事，孩子也感受不到父母的爱。

因此，父母确实需要放下手边的事，抽出一些时间带领孩子享受人生。其实，孩子天生是玩家，父母要教育孩子，应在游戏与快乐的条件下完成。"上回你和孩子一起共度一段愉快时光是什么时候了？仅仅睡前5分钟是不够的，最好是挪出一整天，否则起码要一个午后或是整晚时间。这段时间不要用来做稀松平常的事，要做一点特别的。"心理学家达盖兹·珍如此建议。一个"老顽皮"的父亲，孩子会喜欢亲近他，亲子之间的相处，就会快乐。没有快乐就没有生命力，即使孩子将来努力有成，有很好的职位，也难去享受生活。他长大了，还是需要回到原点，重新去处理自己的心理问题。

带领孩子去感受四季的美丽吧，人生的每个片刻都是可以庆祝的。马克·吐温是一个充满乐趣的人，他说："只要记住我们都很疯狂，秘密便消失无影，人生的道理亦不解自明。"当我们与孩子们用庆祝的心情生活时，整个人就会由内而外流露歌舞欢笑，因而心灵可以翱翔，情绪也能充分释放。

当你的孩子从学校放学回家，语气低沉、面容凝重、有气无力地跟你打招呼："爸！我回来了。"一般你总是这样回答："回来就好，快去做家庭作业，知道吗？"现在，不如让我们这样说："走，我们一起打球去吧！"

"口香糖"游戏的启发

一年级的家长见面会上，几位令孩子畏惧的爸爸被老师邀请参与孩子们的"口香糖"游戏。游戏的要领是：将成员配对，带领者喊"口香糖"；成员集体大声响应："粘哪里？"带领者："粘头发！"成员互相将头发紧贴在一起。

经过第一次的练习之后，带领者宣布，第二次之后，要换不同的对象来粘，而且要注意团体人数维持在奇数。带领者也可以下场玩。如此，将会挤出一个没搭档的对象。由此人当"鬼"，继续喊下去。也可以附加规则：两次当"鬼"者，表演节目。在全场热闹的游戏之后，这群爸爸都意犹未尽。

这种孩子玩的游戏，由大人来玩，也可以很尽兴。他们感慨地说："像是回到了童年，无忧无虑，很温馨。我应该把这种感觉给孩子。""觉得很快乐，已经好久没有这种感受了。""我回去之后，要让我们全家来玩这个游戏。我家好像已经很久没像今天晚上这样，一起开心地玩了。"

孩子喜欢父亲的快乐形象，最好是能够有像小孩儿般的天真与稚气。例如一个孩子这样描述与父亲相处的快乐："我的父亲常常说些很稚气的话，邻居都认为我的老爸是没什么架子的！我们真的是无话不谈。有一次，我们聊到足球。当时我对足球完全不了解，爸爸很热爱足球，也踢得不错。我们兴高采烈地聊到半夜，欲罢不能。"另一个孩子则这样描述他的父亲："我的父亲像是一个顽皮的小孩。他经常有一些滑稽的动作，像是扮鬼脸，唱歌，跳舞。在我遇到创伤的时候，他的几个动作会让我哈哈大笑，对事情就不再那么拘泥了。"

一个爸爸，若老是在孩子面前装出"很像"爸爸的样，说起话来，一副"高高在上"的姿态，孩子怎么愿意跟他玩在一起呢？他自己怎么快乐得起来呢？孩子又怎么快乐得起来呢？人与人之间的活泼气氛会相互感染，让彼此放下身份与防卫。每个人的表情是由内在的喜、怒、哀、乐表现出来的。当你做游戏活动的时候，每个人都回到赤子之心。此时，你的什么防卫也都没有了，男女性别的界限也没了，人们之间的隔阂也会消失。

因此，解除外在的防卫，跟孩子童心相应、童心相对，是父母的重要修炼功夫。古代希腊有一个国王，名叫亚历山大。听说在某个假日，亚历山大国王放下事务，让自己轻松一下。他骑着马，到乡村散心。那是一个冬天的早晨，温暖的阳光，如同黄金一般的灿烂，洒落大地。他经过一处草地，一个非常祥和的地方，有位先生光着身体躺在那里，双目闭合，悠闲地在晒太阳。他看起来是那么自在，那么享受。亚历山大勒马停住。因为他把阳光遮住了，那位先生于是睁开眼睛，望着亚历山大国王，用手挥一下，示意请他离开，让阳光过来。亚历山大退后几步，问道："你怎么有办法这么悠闲？"那个人慵懒地回答："把帽子脱下来，盔甲退下来，躺在这里（用手指着身旁草地）；这里还有位置。"亚历山大并没有躺下来，他仍是穿着很重的盔甲，骑着马离开。

看到这个故事，你还需要武装防卫自己吗？快乐的人并不需要太多人为的装扮，真正让孩子乐于亲近的父母，是可以真实过生活的人，是可以永远保持赤子之心的人，是可以唱歌跳舞、放下面具、保持宁静、享受生活的人。

不妨做个"孩子王"

大雄的父亲是个孩子王。休假日时，父亲一定会和大雄及其 5 岁的姐姐一起玩，所以大雄很喜欢父亲。对他而言，和父亲游玩是最快乐的事。在某个天气晴朗的星期日，大雄姐弟和父亲一起去捉蝴蝶。父亲先示范捉蝴蝶的技巧，大雄高兴地在那儿大叫。轮到大雄了，看到蝴蝶飞来时，大雄用网子捕蝴蝶，但是蝴蝶却逃走了。

父亲说："啊！大雄，你真差劲呀！"

大雄却说："大家都会有失败的时候啊！爸爸。"

结果父亲和姐姐哈哈大笑。能够这样度过假日的孩子真是幸福。大雄和父亲一起追逐蝴蝶游玩时能够尊敬父亲、信赖父亲，两个人之间建立朋友意识。与父亲共享快乐的感觉，能够增强对父亲的依恋。

事实上，这一天晚上，大雄也不断地替爸爸服务，帮爸爸拿垫子，拿止痛药给爸爸，表示忠诚之心。大雄的服务是因为与父亲共有快乐的喜悦，与父亲产生共鸣而发自内心的流露。通过游戏，大雄确认了与父亲之间的心灵纽带。

不和孩子玩的父母，无法正确地了解自己的孩子一天天成长的过程。孩子正处于哪一发展阶段，具有哪些欲求和感情，行动到底有何意义，只有通过父母与孩子之间亲密的游戏，才能够正确地得知。有些父母认为："虽然想和孩子玩，但是每次和他玩时，他都很高兴，如果只和我玩，我担心他不和朋友玩……"其实不必担心这个问题，即使和父母一起玩，也不可能一整天地玩，因为接触时间有限，孩子了解这一点，所以在有机会和父母玩时，就会拼命地和父母一起玩。

能够积极地和父母玩的孩子，也能够积极地和朋友一起玩。

总之，父母积极地和孩子一起玩，对于孩子的发育绝对不会造成不良影响。游戏，是一种快乐，是一种喜悦，是能够产生快感的，在心理上也是一种自由活动。父母与孩子通过游戏而心意互通。拥有共享快乐的经验，才能够建立两者之间的心灵纽带。

学会蹲下来和孩子说话

周末，汤姆夫妇邀请了一对青年夫妇和孩子到家里吃晚饭。当这个两岁多的孩子吃饱后，要下地去玩时，孩子的父亲也立即离开餐桌，蹲下来面对着孩子说："你是不是坐到离餐桌远一点的地毯上去画画？"孩子高兴地坐到那边独自玩去了。

伊文有一双可爱的儿女。一天，当一家人一同去超级市场时，4岁的儿子因为姐姐先坐进汽车而不高兴。伊文在车门口蹲了下来，两只手握住儿子的双手，面对面地、目光正视着孩子诚恳地说："艾姆，谁先坐进汽车并不重要，对吗？"艾姆看着爸爸，会意地点点头，钻进了汽车并挨着姐姐坐下了。又有一次，大家一起去公园玩，艾姆和姐姐跑跑跳跳，到湖边去看戏水的鸭群时，不小心绊了一跤，眼泪在他的大眼睛里滚动着，马上要流出来了。这时，伊文又很自然地蹲下来，亲切地对儿子说："你已经不是小宝宝了，是不是？你已经是个大孩子了，绊一下是没关系的，对吗？"这时，孩子一下子就收住了眼泪，自豪地玩去了。伊文谈起自己的教育方式时说："在我小的时候，我的父母亲就是这样同我们说的。我认为，孩子就像是我的朋友。只因他们比我们矮一些，我们就应该蹲下来同他们说话……"

和孩子做朋友，意味着改变那种"高高在上"的姿态，以一种平等的姿态来对待他们。美国文化中孩子的地位是和大人平等的。父母在作决定时都要尽可能地征求孩子们的意见。就是交往过程中，他们也非常在意孩子的感受。他们常常把孩子抱起来，放到沙发上、床上，或者自己蹲下身去，平视着孩子的眼睛说话。谈话过程中也不会强迫孩子接受自己的意见。这种姿态完全是朋友式的，而不是"严父"型的。

一项跨文化研究表明，民主、平等的家庭氛围中孩子自尊心强，在和他人交往过程中愿意心平气和地倾听别人说话，态度不卑不亢。而且，这种朋友式的平等关系更容易赢得孩子的合作。家长蹲下来同孩子在同一个高度上谈话，同孩子面对面、目光对视着谈话，体现出家长对孩子的尊重，体现出成人对小孩子的事情或问题的认真又亲切的态度；采用这样的姿态，能促使孩子意识到自己同成年人是平等的、受尊重的人，有利于从小培养孩子的合作精神；采用这样的姿态，能帮助孩子认真对待自己的问题或缺点；它也为孩子创造了乐于接受教育的良好心境，而不是使孩子听而不闻或产生逆反心理。

蹲下来和他说话，成为他的朋友，作为父母你愿意这样做吗？

学会和孩子一起喝杯咖啡吧

泰德一家通常会利用假日的晚上，到附近社区的饮茶小馆"莲花茶坊"小坐，他们各自点喜欢的饮料和小菜，然后就天南地北地聊了起来。在轻松的气氛中，父母亲都不谈公事，话题很轻松、自然。此时父母跟孩子拉近了距离，渐渐地，孩子们会把内心情感细细道出。有一天晚上，他们又在社区的"莲花茶坊"喝茶聊天。

小女儿说道："我觉得啊，我们家是追求知识与品质的家庭。我在想，现在是因为我的功课还不错，才不会有一些压力。如果我功课不好，那我会怎么样？在我们家，我还是会很快乐的！"

泰德说："是啊，功课不好，也可以很快乐！"

大女儿说："那要看你的价值观！"

小女儿说："可能爸爸还未曾体会过吧，那是因为我们没有功课不好的。"

泰德说："我觉得，你有时候不刻意强调功课，你的功课反而会更好。"

小女儿说："对啊，因为大家都很优秀。"

泰德说："我觉得，读书只是人生中的一条路，还有其他可以发展的路。重要的是你自己想做什么，是你自己的价值观问题。现阶段你想追求什么？"

小女儿说："我喔，我很喜欢美术的。"

大女儿说："纽约的学校比费城的好吗？"

　　一家人继续谈论各自的人生价值与理想，智慧的哲思在家人之间流动，而彼此更能相互了解。事后，小女儿谈了她对于全家去喝茶的感觉："星期天晚上的聚会真的很棒，使我感觉家人的感情又变得更好了。想必你们也都有这种感觉。它是我最棒的记忆之一。我要学着不在意小事，像您一样。有个像您这样棒的爸爸，是让我最骄傲与感动的事。"

　　大女儿也喜欢这种安排。在她的英文课里，曾用英文描述他们全家去喝茶的情况："我通常会在周日与家人闲聊，因为我只有周末与周日在家。我们会一起到附近的茶屋饮茶、吃点心，并分享一周来的喜乐与难过。我们会讨论妹妹的学校、班级，我的学习计划或爸爸的哲学。我的父母工作繁忙，平时他们比较少了解我的学习困难或生活琐事，所以我会利用这个机会提出问题，寻求帮助，而最终问题都能迎刃而解。我很珍惜跟家人相处的时光，我想这在我的生命中是很有意义的。"

　　用平等的办法对待孩子，你可以获得一个意想不到的好处，就是孩子对你的友谊。有许多做父母的人，虽然会考虑孩子的年龄，酌量给他们一些自由的权利，但是他们决不会把家里的财产和自己的心事告诉孩子，就像不把国家机密泄露给别国的侦探一样。这种态度，即便还不至于像是猜忌的心理，也不能算是父母对于子女应有的和蔼亲切的表现。它无疑会使子女和父母之间缺少彼此信任的愉快氛围。

　　我们常常看到一些做父母的，对自己的孩子虽然十分爱护，可是一生一世对待子女的态度总是执拗不化，总是要保持自己的威严不让子女靠近，就好像自己在世的时候决不从他们最心爱的儿女身上得到任何快乐或安慰一样。这是令人费解的。建立与巩固彼此的善意和友谊最好的办法莫过于相互信任地闲谈家常，诉说心事。缺少了这种交流，别的爱护方式都会留下些嫌隙引起猜疑。一旦你的孩子看见你把胸襟对他敞开了，看到你因为家中的一切终究会交到他手里而主动让他提前参与一些事情，他就会关心你的日常事务，把它当作自己的事情一样关心。你既然不把他当局外人看待，他就会安心地等待他的机会，同时又会爱你。而且这样一来，他又会看到你平常也不单是去享受家产所带来的一切条件，而是需要不断费心维持着。他越是了解这些，就越不会忌妒你所拥有的东西，越会知道自己能有这样勤谨的父母和善意的朋友在用心替他照管他将来会拥有的一切，实在是自己的幸福。

你的孩子如果也有一位成熟又可靠的朋友，遇事可以依赖，随时能给予最好的建议，你如果还不感到欣喜，这种没有头脑、缺乏感情的人，是世上少有的。而做父母的如果对孩子过于冷淡和疏远，不了解他，不去给他建议，那就常常会使自己和孩子的关系得不到应有的保持。如果你的儿子忍不住想去找点乐子，出点轨，那他做的时候紧紧瞒住你、一点也不敢让你知道，和让你知道一点比起来哪一个更好呢？年轻人毕竟是应该得到适当的宽容的。而你对他的图谋知道得越多，你就越有能力去防止重大的过失。你可以事先就把事情的后果指给他看，这样就使你能够不因一些轻微的烦恼而去放纵。如果你愿意他向你敞开胸怀，他的一切事情都向你请教，你就应该先对他开诚布公，去获得他的信赖。

你可以跟孩子们一起喝咖啡，也可以和他们共享一顿晚餐，重要的是你们之间进行了开诚布公的交流。相信这一点吧！咖啡的浓香与烛光的温馨使你们更像是知心朋友。

给孩子讲讲自己的故事

我国20世纪著名的"宋氏三姐妹"就有一个"知心朋友"式的父亲。在童年的宋氏姐妹脑海中印象最深、对她们人生的经历影响最大的活动，要数宋耀如给她们讲述的那些冒险家的传奇经历。这一方面归功于他善于学习和演讲的天赋，另一方面则归功于他的冒险家的丰富人生阅历。

故事的主人公大多是宋耀如本人，故事情节也大多是他在海外拓荒历险的传奇经历。每当一家人在忙碌了一天之后，同坐在一起，呷着一口口袅袅飘香的香茶时，宋氏姐妹总是按捺不住激动的心情，急切地催促父亲讲述他那永远也讲不完的传奇故事。

因为都是个人的冒险经历，所以宋耀如总是运用第一人称，讲得那么绘声绘色，丝毫没有虚假与做作，一切都是坦坦荡荡的自己。自己的所见、所闻、所思、所感在娓娓的叙说中向孩子们毫不忌讳地托出，他的出身、挫折、苦痛融化在故事中，成为教育子女影响子女的一种有效方式。这些故事，简直使父亲成了女儿心目中崇拜的偶像和大英雄，并且激起了要像父亲那样，到海外闯荡一番的愿望。

每每听完故事，宋氏姐妹都陷入了无限的遐想之中，遐想自己是怎样漂洋过海，来到陌生的美国，勇敢地向生活挑战，创造出骄人的业绩来。创设一种民主、开放的家庭气氛是现代家庭的标志。深受基督教"自由，平等、博爱"思想的影响和十余年的美国生活，宋耀如一改中国传统严肃刻板的家族式统治。在家里，宋耀如经常在适当的时候讨论一些重大问题，他首先总是鼓励孩子们发言。宋霭龄的发言往往大胆泼辣、锋芒毕露，而宋庆龄的发言则逻辑严密、思想深刻，宋美龄经常附和大姐的观点，也时有一管之见。宋耀如静静聆听着这些发言，面露微笑。他不想粗暴打断孩子们的发言，也从不以简单的好与坏来加以评价。宋耀如开始表明自己的看法，这种看法详细、中肯、入情入理，有时是自己发自内心的感受，使孩子们自觉地修正了自己发言中的偏颇。敞开自己，表现坦诚，成了宋耀如教育子女的一贯作风。

宋耀如注重用自己的言传身教来影响孩子，使孩子们非常自愿地接受这种独特的教育方式。辛勤劳累的宋耀如完全可以请家庭教师来代教孩子唱歌、讲故事，但作为父亲与孩子们那根潜在的心理纽带被割断了，这样做一不小心就可能对小孩是一种强迫，一种勉为其难的事情。

许多父母，在孩子面前总是一副严肃的脸孔，好像不这样不足以表现出他们的威严。他们在生活中时刻注意藏头护尾，把爱憎情感在孩子面前掩盖得严严实实。带着无限的柔情，在孩子面前落落大方唱上一首深情的歌，这在一般的家庭里是多么难得的景象啊。"孩子太不理解我们的良苦用心了！"父母经常深深地抱怨自己好心不得好报，为此苦恼不已。其实父母又在多大程度上放开自己、诚恳坦荡地对待子女呢？你们的经历、苦痛、想法乃至婚恋又有多少让子女真切地聆听过？让子女理解父母，父母首先要为子女创设一个自由了解你们的空间与途径。不要每天起床后就无数次提醒自己"我是孩子的爸爸"、"我是孩子的妈妈"。当然你们首先是父母，但是不是想过要成为孩子们的知心朋友呢？

　　若是父母比较理性，那么他们会认为很多事情不需要讲，因为"那没什么"。殊不知在很多个"没什么"里面，会让彼此的关系越来越远。一个人过度以客观、理性的角度来分析事情，会令人觉得没有情感。其实，孩子很想多了解一点父母。

　　人与人之间是在日常生活中去了解的。所以，敞开心扉是一个增进亲情关系有用的方法。专家提醒父母：采用开放式的倾吐及建设性的态度，孩子会非常愿意把父母看作知心朋友。更重要的是，他们会模仿这种健康的表达方式去开展他们自己的交往，这将让他们受益终生。

六、让孩子树立金钱的观念

　　如何对待金钱从来是做人的一个根本问题。家长对待金钱的态度对孩子的影响很大。对待金钱的正确态度可以概括成三句话：钱不可没有、不可强求、不可乱用。"钱不可没有"是说人必须要有钱，"钱不可强求"是说人应该如何得到钱，"钱不可乱用"是说人应该如何花钱。

1. 钱不可没有

　　"钱不可没有"是谁都知道的基本常识，没有钱就不能生存，也不能发展。所以，人一定要学会挣钱，用自己的劳动去换取合理合法的收入。

2. 钱不可强求

　　"钱不可强求"包含两层意思：①取之有道；②不可苛求。

　　第一，取之有道。常言说，"君子爱财，取之有道。""取之无道"就是强求，盗窃抢劫是强求，贪污受贿是强求，一切违背法律、道德取得金钱的行为都是强求。

第二，不可苛求。不能把追求金钱看作生活的唯一，不能为金钱而活。

2004年7月16日出版的《作家文摘》刊登了摘自戴尔・卡耐基著的《人性的弱点全集》中的一篇文章，文章的题目是"不能为金钱而活——美石油大亨约翰・洛克菲勒的故事"。文章说，洛克菲勒33岁的时候赚到了第一个100万，到43岁的时候建立了一个世界上最庞大的垄断企业——美国标准石油公司。洛克菲勒将赚钱作为他生活中的唯一，为了赚钱，他无暇游乐、休息，除了赚钱及教主日祈祷，他没有时间做任何事情。他永无休止地、全身心地赚钱。每次赚了大钱，他的庆祝方式也不过是把帽子丢到地板上，然后跳一阵土风舞，可是如果赔了钱，他会大病一场。一次，他取道湖面水路运送一批价值4万美元的粮食，需要150美元的保险费。他觉得保险费太贵了，没有买。可是，当晚湖面有飓风，洛克菲勒整夜担心货物受损，第二天一早，当他的合伙人跨进他的办公室时，发现洛克菲勒正在来回踱步。洛克菲勒见到合伙人之后，叫道："快去看看我们现在是否还来得及投保。"于是，合伙人奔到城里买了保险。就在合伙人去城里买保险的时候，洛克菲勒接到电报说，货物已经安全抵达且没有受损。洛克菲勒对于刚才白花了150美元投保非常生气，并且气病了，不得不回家卧床休息。

洛克菲勒原来体魄强健。他是在农庄长大的，有着宽阔的肩膀，迈着有力的步伐。由于他生活的全部就是为了赚钱，为了赚钱他整天处于忧虑、惊恐、压力和紧张之中，这使得他在53岁的时候得了一种莫名其妙的消化系统疾病，头发也不断脱落，甚至连睫毛也无法幸免。有一阵子他只能依赖酸奶为生，他的皮肤毫无血色，只是包在骨头外面的一层皮。

洛克菲勒这位世界上最富有的人，为了赚钱把自己折腾得不能工作了，只得听从医生的忠告退休。退休后，洛克菲勒学习打高尔夫球，从事园艺，与邻居聊天、打牌，甚至唱歌。他不再只想着如何赚钱，开始想到别人，开始思考如何用钱去为人类造福。后来，洛克菲勒为人类做了许多大善事，彻底改变了自己，使自己成了一名毫无忧虑的人，使自己从53岁差一点儿丧命活到了98岁。

现实生活中像石油大亨约翰・洛克菲勒那样把挣钱看成是生活的唯一的人也许并不多见，但与约翰・洛克菲勒类似的人却也不少。他们整天一门心思地挣钱，很少想到家人和孩子，常把生意场上的失意挂在脸上，甚至把气撒到家人或孩子身上，这对孩子的成长是很不利的。

3. 钱不可乱用

"钱不可乱用"是说要勤俭节约，量入为出，不要花钱做违法败德的事情。

"勤俭节约"是用钱的基本原则之一，是人应有的美德。有人说，现在有钱了，没有必要像以前那样勤俭节约了。这种观点是错误的。勤俭节约是文明的一种表现。有位成功人士讲过这样一件事：1988 年 2 月他去美国纽约市出席国际电气和电子工程师学会的动力工程学会（IEEE ／ PES）举办的国际学术会议。他所在小组的会议主席是美国加州电力集团的总裁。要说此人应该算有钱了。可是这位总裁吃免费自助餐时拿了四五次，每次拿得都不多，吃完了才去再拿，最后一点东西都没有剩，连盘子上沾着的果酱也用面包擦得干干净净的。那位成功人士浏览了一下，整个餐厅里有上千人，没有人剩下东西。有一位总经理，北京大学毕业，企业是他自己的，也算有钱的人了。当有人问他买什么样的汽车时，他说你买1.4排量的就够了，又问他为什么，他说："为了节约能源。汽油是全人类的，要考虑其他人用油，要给子孙留点。没必要买大排量的，够用了就行了。"

"量入为出"也是用钱的基本原则之一，不能胡花乱花，不能欠债过多，欠债过多会影响生存发展的质量，影响家庭生活。有人说量入为出过时了，现在买房子、买汽车都讲究贷款，不讲量入为出了。其实，银行是最讲"量入为出"的。你没有足够的收入，银行是不会贷款给你的。

"不要花钱做违法败德的事情"是用钱的一项重要原则。钱是一个好东西，用得好，会帮助人更好地生存和发展，过更好的生活。但是，如果拿钱胡作非为，做缺德违法的事，轻者会招来非议，重者会招来牢狱之灾、杀身之祸。那些仗钱欺人、吸毒嫖娼、雇凶手杀人者……就是如此。

七、培养好习惯父母应该做出表率

　　教子要先律己是由孩子的特点决定的。孩子的特点是：第一，求知欲强，好奇心盛，特别愿意学习。第二，年龄小，懂得少，分不出什么是好、什么是坏，学习的方式主要是模仿，而且好的、坏的都模仿，后面会讲到印度狼孩和中国辽宁猪孩的事。为什么孩子从小跟着狼长大其行为像狼、跟着猪长大其行为像猪呢？就是孩子的上述特点决定的。这就是为什么"教子要先律己"的原因。

　　不同家庭的孩子千差万别，有好有差。原因何在呢？说到底是家长千差万别造成的。孩子是家庭开向社会的窗口，通过孩子的言行就可以看到这个家庭的内部是什么样子的。如果不相信，那你就仔细地观察观察孩子的言谈举止、情绪好恶有多少与其父母相同或相似的地方，如果你真的认真观察了，你就知道我们老祖宗说的"有其父，必有其子"、"近朱者赤，近墨者黑"是何等正确了。

第六章
培养孩子的好习惯

一、培养孩子持之以恒的习惯

　　培养孩子具有恒心的方法有很多，如参加体育锻炼、读书自律等。父母要根据自己孩子的意志特点，有针对性地培养训练，刚柔相济。但根本之点在于启发孩子的自我需求，让其主动养成持之以恒的好习惯。

　　持之以恒是一个主观能动的心理过程。具体来说就是人在自觉地确定目标之后，能够根据目标来支配、调节自己的行动，坚持不懈，克服种种困难，最终实现目标。

　　其实，一个人要想生存就得不断积累经验，让自己无休止地自我创新。而无论是经验还是无休止的创新，都需要持之以恒的毅力，毅力不是瞬息而就，说有就能有的东西，它的形成需要一个过程，它的形成应该在家里，而不仅仅是学校。持之以恒的毅力对于孩子的意义是不言而喻的，但它恰恰又是孩子容易缺乏的。

　　"千里之行，始于足下；九层之台，起于垒土。"凡事业上有所作为的攀登者，无不是从小事做起，锤炼自己的意志。

　　一个孩子，如果连自己的学习用品都丢三落四的，怎么能保证演算习题时不粗枝大叶呢？所以父母培养孩子的意志要持之以恒地从小事抓起，决不姑息迁就，要一抓到底。

　　曾有学生问大哲学家苏格拉底，怎样才能修学到他那样博大精深的学问？苏格拉底听了并未直接作答，只是说："今天我们只学一件最简单，也是最容易的事，每个人把胳膊尽量往后甩，再尽量往前甩。"苏格拉底示范了一遍，说，"从今天起，每天做 300 下，大家能做到吗？"

　　学生们都笑了，这么简单的事有什么做不到的？

过了一个月，苏格拉底问学生们："哪些同学坚持了？"有九成同学骄傲地举起了手。

一年过后，苏格拉底再一次问大家："请告诉我，最简单的甩手动作，还有哪几个同学坚持了？"这时，只有一人举起了手，这个学生就是后来成为古希腊另一位大哲学家的柏拉图。

人人都渴望成功，人人都想得到成功的秘诀。然而，人们常常忽略这样一个道理：即使最简单、最容易的事，如果不能坚持下去，也绝对不可能打开成功之门，成功并没有秘诀，但坚持是它的过程。

培养孩子的恒心应从小事做起，不断进行训练。一个人的意志是否坚强，可以从他的意志行为中得到体现。在成长的过程中，独生子女缺乏恒心与毅力的现象比较普遍，这在很大程度上会影响孩子的学业、交往、品德及心理健康。很多时候，成功与失败往往就取决于一个人能否坚持到最后一刻。

培养孩子持之以恒的习惯的方法有很多，在此择要介绍几种：

1. 用兴趣引导孩子持之以恒的决心

兴趣是孩子高效率把事情做好的前提。在现实生活中，孩子并不是对必须去做的每件事都一定感兴趣，但是孩子对自己感兴趣的事，都有着明显的自觉性、持久性等高效率特点；而对于自己不感兴趣的事则往往需要父母的约束与督促。为了使孩子提高做事效率，父母应该引导孩子对事物产生兴趣。

很多上学的孩子比较喜欢的口头禅是"郁闷"或者"烦"。事实上，学习本身的确没有多少乐趣可言，然而父母并不这么认为，他们一厢情愿地认为学习是最有意义的事情，并且一味地强迫孩子对学习产生"兴趣"。孩子的学习兴趣是需要父母去加以引导的，而不能靠强迫的方法来获得。

孙欣沉溺在电脑游戏中不能自拔，虽然三番五次地向妈妈写保证书，但一点也不起作用。为了帮助孩子改掉坏习惯，妈妈采取了这样的措施：限制每天上网的时间和内容，并引导孙欣将上网与学习联系起来。结果孙欣通过上网来辅助学习，出现了一学就是半天，甚至忘记吃饭的现象，并由此对学习产生了兴趣。为达到一定的学习目标，孙欣还为自己制订了一个苛刻的学习计划表，并持之以恒，最终实现了这个目标。

2. 让强烈的欲望与责任感激发孩子的行动

无论做什么事，仅有明确的目标是不够的，还必须有实现目标的强烈欲望与社会责任感。例如登泰山是很多人的强烈欲望，从山麓的红门到山巅的玉皇顶有7000多级台阶，而且越上越陡，到十八盘，每盘200级，几乎是直上直下，每登一级都要付出极大的努力。对于一般的游客来说，如果体力不支，中途而返也无可非议，因为没有社会责任和义务。但对于挑夫来说就不一样了，从中天门出发肩挑120斤砂石、水泥等重物，一天上下两个来回，支撑他们从事这种艰苦工作的力量是恒心，是所承担的社会和家庭责任。

许多孩子不能攀登成功的顶峰，并非没有目标，而是缺乏由强烈欲望和责任感所激发的意志行动。

3. 适度创设困难磨炼孩子的意志

逆境、困境能铸造一个人顽强不息的意志品质，中外历史上不乏这样的事例。现在大多数孩子养尊处优，稍遇逆境决心就动摇。在他们小时候，如果父母能人为地给他们适度创设困难，让他们接受强大心理承受能力的锻炼，那么有朝一日他们面对逆境和困难的考验时，就能经受住锤打。

1999年，18岁的成都女孩刘亦婷被美国哈佛大学、哥伦比亚大学等四所世界一流高等学府录取，还获得全额奖学金。成功的背后总蕴藏着艰辛，刘亦婷10岁上四年级时，父亲给她设计了一个奇特的"忍耐力训练"：捏冰一刻钟。刘亦婷捏的是冰箱里特意冻得结结实实的一大块冰，父亲手拿秒表，一声"开始！"刘亦婷就把冰放到手里。

第一分钟感觉还可以；第二分钟，就觉得刺骨的疼痛，她急忙拿起一个药瓶看上面的说明，转移注意力；到第三分钟，骨头疼得钻心，她就用大声读书的方法来克服；到了第四分钟，让她感到骨头都要被冰冻僵了，这时她使劲咬住嘴唇，让疼痛转移到嘴上，心里想着：忍住、忍住；第五分钟，她的手变青了，也不那么疼了；第六分钟，手只有一点痛了；第七分钟，手不痛了，只觉得冰冰的，有些麻木；第八分钟，她的手完全麻木了……当爸爸说："15分钟到了！"她高兴得欢呼起来。而她的手却变成了紫红色，摸什么都觉得很烫，爸爸急忙拧开自来水龙头给她冲手。此时此刻，作为父亲，为女儿有这么顽强的意志力而由衷地高兴。

手捏冰块自我折磨，这是对感受极限的挑战，是对毅力的考验。一些好奇的大学生都试过，可没有一个人能坚持一刻钟。由此可见，刘亦婷的成功绝非偶然。

艰苦的环境，特别是艰苦的生活环境和劳动，往往是对一个人意志最好的考验和锻炼，也最能培养人。

孟子说："天将降大任于斯人也，必先苦其心志，劳其筋骨，饿其体肤，空乏其身……"说的就是，恒心是在艰苦环境中自我锻炼出来的。所以父母给孩子创设一些困境，让孩子的心理得到锻炼，这对于培养孩子的恒心和毅力都很有必要。

4. 鼓励孩子挑战自己的弱点

急躁、懒惰、缺乏毅力、什么事都干却都难干到底……这些都是人性的弱点，也是实现人生目标、理想的巨大障碍。一个人若能有勇气挑战自己的弱点，便能逾越障碍，获得成功。

春秋时期，吴王夫差打败了越王勾践，并霸占了勾践的妻妾，越王勾践忍辱负重，十年不食珍馐，不着锦缎，每天睡石床、舔尝苦胆，在艰苦的环境里挑战自己的弱点，以图他日能复国雪耻。后来，在勾践的不懈坚持下，吴王夫差终于被打败。

诸如此类的例子很多。家长可针对孩子意志的薄弱点，选取一两个突破口，鼓励孩子挑战自我。可以说，这是为孩子铸造恒心的良方。

培养孩子的恒心的方法还有很多，如参加体育锻炼、读书自律、在集体中接受监督、严守诺言，等等。父母要根据自己孩子的意志特点，有针对性地培养训练，刚柔相济。但根本之点在于启发孩子的自我需求，让其主动养成持之以恒的好习惯。

二、杜绝孩子的说谎习惯

　　人的一生都是在真与假的斗争中度过的，父母要引导孩子从小说真话，一步步养成说真话的好习惯。这种习惯一旦养成，就会变成一种做人的准则。这对孩子将来的发展大有益处。

　　几乎刚会说话的孩子就已经开始撒谎，有时可能更早些。孩子在发展初期，看不出自己言行之间的直接关系，对他们来说，行为远比语言重要得多，而语言都是模糊的，是有多重含义的。

　　当孩子慢慢长大后开始发现，故意说谎而误导别人是错误的，当他们发现父母、兄弟姐妹或朋友欺骗自己时，会非常愤怒。他们逐渐开始区分谎言的类型和轻重的程度。

　　著名哲学家罗素说："孩子不诚实几乎总是恐惧的结果。"孩子说谎并不可怕，可怕的是面对孩子的谎言，父母听之任之，任其发展。但是，父母想要控制孩子的说谎，培养孩子的诚实，的确是件不容易的事。

　　在孩子的成长过程中，有一个能保护和培养孩子说真话的环境，孩子就会自然而然地养成说真话的好习惯，长大后也一定会成为一个很正派、很真诚的人，并且会受到人们的欢迎和尊敬。因为一个人只有说真话，相信别人，对生活有信心，才会问心无愧地面对各种事情，也才会得到别人的信任和理解。

　　怎样杜绝孩子说谎呢？

　　父母自己首先一定要说真话，为孩子做出榜样，无论在什么情况下，都不撒谎、不作假，有一说一，说到做到。要让孩子看到爸爸妈妈是怎么做的，并要让孩子懂得为什么不能撒谎。有些父母在孩子不高兴的时候，或是在自己很高兴的时候，常常会"哄"孩子，给孩子开空头支票，许下种种并不准备兑现的诺言，这样很容易在孩子心目中留下"爸爸妈妈说话不算数"的坏印象，从而面临家庭教育失去基础的危险。因为不被孩子信任的父母是没法教好孩子的，也只有孩子说真话，父母才能知道他们究竟在想什么，从而才能适当地给孩子以鼓励、引导、帮助和劝阻。要是孩子说假话成了习惯，孩子的行为就会变成当面一套，背后一套，很容易犯错误、做坏事甚至走上违法犯罪的道路。所以，为人父母者，一定要教育孩子不撒谎、说真话。

孩子如果连父母都信不过，天下还有谁值得信赖？既然父母是孩子最信得过的人，孩子听到什么事情或是想到什么东西，都会统统告诉爸爸妈妈了。这时，不要管孩子说的是什么，父母都要认真、耐心地听完。就算是孩子有些地方说错了，甚至使父母不愉快，父母也不要吹胡子瞪眼发脾气，而要亲切地跟孩子交谈讨论，说自己的心里话，而不要应付、糊弄孩子。如果孩子因为说真话在外面吃了亏，父母应想办法做孩子的思想工作，明确表示支持孩子讲真话，鼓励孩子做一个真诚的人。总之，不论在何时何地都要鼓励孩子说真话。

控制孩子说谎，培养孩子诚实的经验主要有以下五点：

1. 要认清孩子的谎言

当警告孩子不要说谎时，父母不要对孩子说："如果你说谎就把你的舌头割下来。"孩子说谎了，父母当然不会真的割他的舌头，这使孩子认为父母的警告本身就是谎言。孩子的想象转化成谎言，有时仅一步之遥，这就需要做父母的正确引导。孩子拥有想象力是天性，但如果父母对其想象力一味地赞许，就有可能发展成谎言，而父母如果一味反对孩子的想象力，又会扼杀孩子的智力发育。所以，父母必须调整教育方法，及时循循善诱地更正孩子不当的想象。

2. 要找出孩子说谎的原因

如果孩子到了能够分辨是非的年龄仍然说谎，父母应找出原因。孩子说谎的原因，许多心理学家都给出了答案。概括起来有如下几种：

（1）说谎有时比说真话更能免受处罚

大多数父母认为，孩子主要是因为不知道撒谎的严重后果才说谎的。事实上，孩子说谎有时是因为说了真话反而受到了惩罚。

（2）出于无奈而撒谎

许多父母可能无法接受，孩子撒谎有时是因为父母逼的，父母应该知道孩子也有沉默的权利。许多成年人在处理一些棘手的两难问题时，经常保持沉默。如果非要逼孩子说出真相，孩子就只能说谎了。鉴于这种情况，可以给孩子一定的缓冲，等大家都心平气和了，再让孩子主动把事情的真相说出来。

（3）为了讨父母欢心而撒谎

著名发展心理学家皮亚杰博士发现，4岁以下的孩子判断自己的言行是否正确的标准，通常是看爸爸妈妈脸上的表情。为了不让爸爸妈妈生气，他们最本能的反应就是不承认自己所做过的错事。

3. 要树立良好的榜样

对于说谎的孩子，威胁或强迫他承认自己的谎言都不是正确的方法，父母最好能用一定的时间，冷静、严肃地与孩子谈谈。在孩子承认错误以后，父母一定要称赞孩子的诚实表现，要说一些类似这样的话："我虽然不满你做错了事，但幸好你说出了真相，妈妈（爸爸）实在很赞赏你的诚实。"

4. 让孩子感到安全

所有的孩子说谎都是因为需要安全感，如果父母能够给孩子安全感，孩子就会诚实起来。

5. 减少孩子的心理压力

父母对孩子过高的期望，会给孩子增加压力，导致孩子说谎。因此，父母对孩子的期望值要合理，不要希望他们做出超出自身能力的事。父母要以宽容之心对待孩子，经常与孩子倾心交流，减少孩子的心理障碍，做孩子的知心朋友。

总之，面对孩子的谎言，要去分析、研究，找出孩子说谎的原因，对症下药，进行善意的引导和教育。每个父母都望子成龙，虽然不可能每个孩子都能成为杰出青年，但至少要让他们做一个人格健全的人。诚实，则是孩子健全人格的根本。

三、培养孩子勇于承担责任的习惯

　　责任心并不是孩子与生俱来的，它是在适宜的条件和精心的培养下，随着年龄的增长和心理的发展而形成的。家庭是孩子责任心赖以滋长的土壤，父母对待孩子的态度、教育孩子的方法是他能否健康成长的重要条件。

　　责任心是孩子健全人格的基础，父母都希望自己的孩子有责任心，因为责任心是一个人立足于复杂的社会，能担当重任的重要条件。

　　责任心，是指一个人对自己和他人，对家庭和集体，对国家和社会所负责任的认识、情感和信念，以及相应的遵守规范、承担责任和履行义务的自觉态度。责任心是孩子健全人格的基础，是能力发展的催化剂。每个人都有一种积极向上的内在趋势。孩子在幼儿阶段所表现出各种主动尝试的愿望，正是一种责任心的萌芽。如幼儿独立吃饭、试穿衣服、手脏了自己洗等行为都是孩子责任心的表现。父母的责任是密切地关注他、帮助他、鼓励他，在他尝试的过程中，培养其意识，增强其自信，使其逐步成为独立自主，对他人、社会负责的人。

　　责任心的培养应遵循这样一个规律：从自己到他人，从家庭到学校；从小事到大事，从具体到抽象。不可想象，对自己不能负责的人，何谈对他人负责？对家庭没有责任心，何谈对社会有责任心？因此，家长对孩子责任心的培养应从家庭做起，从日常生活的小事抓起，循序渐进，由近及远。

　　有责任心的孩子能运用他自己的智慧、信心和判断力去做出决定，独立行事，考虑他的行为后果，并且在不影响他人权利的情况下实现自己的需要。他们明白自己的义务，主动履行义务，并愿意承担自己行为的后果。

　　家庭责任心主要是指能尊重其他家庭成员的权利，自愿承担家庭义务，为自己的行为承担责任。一个具有家庭责任心的孩子，不仅能在现在的家庭生活中扮演好家庭成员的角色，在未来的生活中也有能力组织好属于自己的家庭。他的一生不仅能享受到家庭生活的充实、快乐，同时，也能创造出温馨、和睦的家庭气氛。

孩子作为家庭的一名成员，既应该享受其权利，当然也应承担一定的家庭责任，包括承担一定数量的家务劳动。父母可以通过鼓励、期望、奖励等方式，督促孩子履行职责，培养其责任心。如果一个孩子在家庭中的责任心难以确立，将来一旦走上社会，就很难有社会责任心。

培养孩子的家庭责任感不仅在于家长是否具有家庭责任感，还在于家长是否给孩子锻炼的机会。如果你不是一个尽职尽责的父亲或母亲，怎能对孩子进行责任心的教育呢？父亲与朋友玩麻将通宵达旦，不顾及对家人的干扰；母亲忙于在外应酬，家里一团糟。这样的父母又有什么理由和资格去埋怨孩子不愿回家呢？

在一个专制的大人王国里，也难以培养出有家庭责任感的孩子，因为家长对孩子控制得太死，管制得太多，使孩子没有机会就某件事做出负责的行为。孩子做事只是服从，听命于大人的意见，而我们强调的责任感并不是指你的孩子按照你告诉他的方式去行事，而是他能主动发现并自主地做出反应。

只有民主的家庭，才是家庭责任感生长的最佳环境。在这样的家庭里，家长和孩子相互独立，但并非各行其是，对他人漠不关心，而是彼此尊重又相互关照的。孩子受到重视，家长具有威信。在讨论家庭中的责任与分工之前，父母应该想一下自己是否是一个有家庭责任感的人？自己惯用的教养态度和方式是否有利于孩子责任心的培养？在抱怨自己的孩子缺乏责任感之前，先检查一下自己是不是孩子的榜样，然后就有可能从抱怨孩子转而反思自己。要想改变孩子，也应当从改变自己开始。这是最关键的问题。

在家庭生活中如何创造或抓住机会培养孩子的责任感？关键是父母必须赋予孩子一定的责任，以便有针对性地进行教育。空洞的说教是不能培养孩子的责任心的，通过赋予孩子责任，或让他们感受自己某些行为的后果，才能培养孩子的责任心。

那么如何培养孩子的责任感呢？

1. 自己分内的事自己做好

在家中应该明确哪些事情是由爸爸妈妈来做的，哪些事情可以由爸爸妈妈帮孩子做，又有哪些事情是必须由孩子自己做的。对第三类事情必须给孩子一个明确的概念和范围，在不同的年龄给他规定不同难度的自理工作范围，对于这些，父母绝不要包办代替。

2. 家里的事别人的事帮着做

要让孩子明白，仅把自己的事做好是不够的，因为他还是家庭、集体中的一员，他还有责任协助做一些家里的事、集体的事，以此来为家庭、集体尽责，只有这样将来才能为社会尽责。要对自己的行为后果负责，就要善于抓住生活中的点滴小事，无论事情的结果好坏，只要是孩子的独立行为结果，就要鼓励他敢做敢当，不要逃避，要勇于承担后果。家长不应替他承担一切，以免淡漠孩子的责任感。

3. 要履行自己的诺言

从小教育孩子，自己答应了别人、许下了诺言就要尽全力履行诺言，即使自己不情愿也要这样做，因为这样做是对别人负责，也是对自己负责。

4. 要积极参加社会公益活动

要教育孩子自己是社会集体中的一员，权利与义务是并存的，他有义务为社会做自己力所能及的事，这是培养孩子对社会负责的重要途径。

在家庭环境中有责任心的孩子，才能在更复杂的学校、社会环境中经受考验，得到修正和磨炼，最终成为一个自强、自立的人。

四、让孩子一生拥有善良的心

　　一个健康的孩子就好比一棵树，必须以善良为根，正直为干，丰富的情感为蓬勃的枝丫，这样才能结出美丽善良的果子。善良的情感及其修养是仁爱精神的核心，必须在童年时悉心培养，否则就不会有效果。

　　一个人最重要的素质之一就是爱心，它可以说是人性的基础。一个没有爱心的人，就是一个冷漠的人，一个与社会脱节的人。而爱心的产生，是基于个体社会情感的需要，它也不是与生俱来的品质，而是一种在后天的环境和教育的熏陶下逐渐形成的习惯性心理倾向。

　　孩子可以被看作是一面镜子，给他们爱，他们会报之以爱；无所给予，他们便无所回报。无条件的爱得到无条件的爱的回报；有条件的爱得到有条件的爱的回报。

　　因此，不管你怎样把净化和丰富精神世界的活动引入家庭生活，记住，有一点是最重要的：如果你的内心没有爱，就不可能给别人爱。父母首先要做的是，要让内心世界充满爱，这样你才有多余的爱给别人，才能培养引发你们的孩子来自内心的爱。

　　父母应该让孩子理解，无附加条件地服务于他人，就是不要任何回报的服务和爱的给予。学会把孩子看作是与你脱离的、独立的人去爱他们，你的职责是把他们变成与你一样的人，即让他们通过自己的努力尽力成为最好的人。

　　古今中外，爱心被认为是一个人的基本道德和社会的灵魂。孔子说"仁者爱人"，孟子讲"王道"，他们都是以爱为核心的。费尔巴哈说："新哲学建立在爱的真理上，感觉的真理上。""爱是存在的标准——真理和现实的标准，客观上如此，主观上也是如此。没有爱，也就没有真理。"由此，以爱为基础的新哲学被他建立了。

　　那么，应该怎样来培养孩子的爱心呢？

1. 热爱动物，热爱生命

我们时常会看到这样一些情景：孩子在逛街时，迎面跑过来一只小狗，孩子会情不自禁地抚弄小狗，眼里流露出爱怜的神情。像动物园、公园这些场地，往往是孩子们的天下，孩子在这里会和小动物嬉戏、玩耍，并且会觉得非常快乐，显现出爱的天性。

相反，我们也会看到一些搞恶作剧的孩子，他们抓住小猫、小狗的尾巴，听到它们悲惨的嚎叫而开心不已，这些都是他们没有爱心的表现。

西方国家大多制定了法律，禁止虐待小动物，目的是用法律抑制残忍。英国有句名言："爱我者爱我的狗。"把狗等同于人，借用小动物启迪孩子的爱心，是最直观和便捷的方法。现代社会掀起"宠物热"，并非全是精神空虚，它也是人类在人情淡薄的后工业社会中，借用宠物培育爱心，呼唤美好人性的一种表现。

2. 帮助孩子克服自私自利的性格

"我的，给我，我要！"这是小孩子最常说的几个词。可见，小孩子的自我意识很强烈，这往往被用来证明"人，生来是自私的"。

诚然，人有自私的一面，自私属于动物的普遍共性，但并非不可改变。婴儿学会的语言中，最早还有"爸爸"、"妈妈"这些词，说明婴儿最早感受到的他人便是父母。父母的爱是无私的，父母精心呵护孩子，让孩子最先感受到人间的温暖。

父母之爱是无私的奉献，历来为人们讴歌，但切不要把它当作对孩子的娇惯，否则便成了溺爱，反而会助长孩子的自私心理。

3. 给孩子做关心别人的榜样

言传身教，榜样的力量是无穷的，也是最有效的，要使孩子富有爱心，父母必须从自己做起，从孩子一生下来就开始做。

当代著名的社会生物学家威尔逊，有一次意外地发现一个有趣的现象：

一只雌性的成年斑鸠在看到一只狼或者其他食肉动物接近它的孩子的时候，便会假装受伤，一瘸一拐地逃出穴窝，好像它的翅膀折断了。这时，食肉动物就会放弃攻击小斑鸠转而攻击成年斑鸠，希望能够捕食这只"受伤"的猎物。

一旦这只成年斑鸠把这只食肉动物引到一个远离穴窝的地方时，它就会振翅飞走。这种方法往往能够取得成功，当然，有时也会遭到不测。

斑鸠就是用这种富有爱心的举动来保护幼小的斑鸠，使它们能够活到成年，繁殖后代。而小斑鸠在耳濡目染成年斑鸠的做法后，也会仿效。由此可见，爱心是一种后天强化的行为，只要父母提供榜样，孩子就会模仿。因此，父母在有意识地对孩子进行爱心教育的同时，更要以身作则，通过自己的言行来对孩子起示范作用，在家庭中营造爱的氛围，感染孩子的心灵。

4. 移情训练

爱心培养还需要移情训练，可以经常让孩子把自己痛苦状态时的感受与别人在同样情境下的体验加以对比，体会别人的心情，这样可以让孩子学会理解别人，学会移情。

例如，看到小朋友摔倒了，可以启发孩子："想想你摔倒时，是不是很疼？小弟弟一定很难受，我们快去扶起他，帮他擦擦脸。"这样，孩子的爱心不知不觉就培养起来了。

5. 培养孩子的同情心

同情他人是爱心的一种体现。缺乏同情心的孩子只关心自己，只顾自己的快乐，而无视别人的痛苦，甚至会把自己的欢乐建立在别人的痛苦之上，这种孩子是很可怕的。有同情心的孩子往往比较会关爱他人，因此，父母要在生活中培养孩子的同情心。

父母可以为孩子创造一些和人交流的机会，在交往的过程中，孩子能亲身体验到别人的感受和想法，这样有利于同情心的培养。比如，许多大城市中组织的"手拉手"活动，是在城市和贫困地区的孩子之间建立起来的互助合作，让城市孩子真切体会到农村孩子没有书包、没有书本、没有橡皮的感觉，父母可以鼓励孩子多参与这样的活动。

6. 让孩子了解一些生活的真实情况

　　父母总是担心孩子吃苦头，担心孩子遭受挫折。尽管父母自己面临着许多生活的曲折和坎坷，尽管父母有许多不快乐和情绪不稳定，但他们总是竭力在孩子面前保持平稳。父母总是希望孩子不要过早地承受生活重担，其实这是错误的。事实上，父母要学会与孩子成为朋友，要学会让孩子了解一些生活的真实情况。有些父母总是自己累死累活，但对孩子的各种要求却无条件地满足，这样孩子就会越来越缺乏爱心。

　　父母亲是孩子最直接的教育者，应该把自己的辛劳告诉孩子，让孩子明白父母之爱的伟大，懂得父母为了自己的成长做出多么大的牺牲，这样，孩子便会体谅父母，不再心安理得地接受父母的伺候。有机会也让孩子学习照顾父母、长辈，明白爱心是相互交流的，不只是单方面的付出。创造一个富有爱心的家庭气氛，能克服孩子的自私心理，让孩子养成关心别人的习惯。

五、培养孩子学会宽容

　　宽容体现了一个人的素养与气度，表现了一个人的思想水平。教孩子学会宽容对待他人的短处，这样孩子才可以与他人和睦相处；教孩子学会正确对待他人的长处，可以使孩子不妒忌，从而不断地取得进步。

　　宽容是一种美德，它像催化剂一样，能够化解矛盾，使人和睦相处。诸如"退一步天高地阔，让三分心平气和"、"大肚能容，容天下难容之事；开口便笑，笑世上可笑之人"这种不注重表面形式的输赢，而注重思想境界和做人水准的高低的行为是高尚的。正如有位哲人所说："宽容是需要智慧的。"

　　现在的孩子大都以自我为中心，不管发生什么事情，很多人首先想到的是自己，而不是别人。如果别人做错了事，根本没有一点宽容之心，往往会逮住他人的缺点不放。

　　北京师范大学教育系与中国青少年研究中心，曾经对中小学生做了一次抽样问卷调查。其中，有一个问题是这样的："当你讨厌的同学需要你的帮助时，而且你能帮助他，你会帮他吗？"对于这个问题的回答，表示愿意的小学生、初中生和高中生分别是 59.8%、41.7%和 37%。由此可见，虽然不少孩子对于他人的主动求助表示愿意帮助，但是，从小学阶段到高中阶段，表示愿意帮助他人的人数是递减的。在调查中，还有一个问题是这样的："对于过去欺负过你或严重伤害过你的人，你会怎么办？"对于这个问题，只有 29.9%的学生表示会原谅他，有近 24%的学生表示很难原谅或决不原谅，其余的学生则表示原谅但不忘记。从中我们也可以看出，能够主动宽容别人的孩子实在太少了，而事实上，宽容是一种重要的美德。

作为父母，应该充分认识到宽容对于孩子来说不仅是一种待人准则，而且能够保护心理健康。现代科学揭示，宽容有利于一个人的健康长寿。美国密歇根州立大学的研究人员进行的一项研究就发现：当人们想要报复他人时，血压会明显上升；而在宽容他人时，血压则显著下降。因此，作为父母一定要培养孩子宽容的心态。

那么，怎样让孩子学会宽容呢？

1. 不要把世俗的毛病传染给孩子

父母最好不要在孩子面前以自己的眼光议论其他小朋友的缺点，这样容易让孩子对其他小朋友过于挑剔。相反，父母要尽可能表扬其他小朋友的优点，让孩子明白每个人都是有优点的，不要使自己的孩子产生一种以自己为中心的思想，这非常不利于培养孩子宽容的心态。

父母尤其不要对某些人和事物有偏见，更不要把这些偏见在孩子面前表露出来，从而让孩子在潜意识里也受到这种偏见的影响，而对这些人和事物有偏激的看法。

当孩子的小伙伴来自己家里时，父母对其他小朋友的态度不要过分冷落，也不要过分热情，尤其要教育孩子尊重小伙伴，让孩子平等地与人交往。

2. 教孩子换个角度看问题

不管什么时候，父母都可以教孩子学会从别人的角度来看待问题，让孩子把自己置于别人的位置，设身处地地站在别人的角度来思考问题。

在日常生活中，父母要鼓励孩子参与多元化的活动。无论孩子年纪多么小，都要鼓励他接触不同种族、宗教、文化、性别、能力和信仰的人，这有利于孩子与不同的人坦诚相待，遵从规则，平等竞争。

3. 教孩子善待他人

"要想公道，打个颠倒"。宽容是一种美德，在生活中，即使别人错了、无礼了，你若能容忍他人、宽容他人，同样能获得信任和支持，同样能得到别人的友善相待。

在教孩子善待他人的时候，父母可以通过角色互换的方法让孩子摆脱以自我为中心的不良想法，学会心中有他人，宽容他人。父母应该教孩子对其他小朋友多一点忍让，多一份关心，这样别人也会遇事宽容自己，体谅自己，为自己着想。事实上，只要孩子学会了宽容，他就会赢得朋友，就会真正体会生活的快乐。

4. 父母要起表率作用

父母本身具备的品德，一般在孩子身上都可能找得到。因此，父母首先要为孩子创造一个良好的家庭环境。一个整天吵闹不休的家庭，是很难造就出一个具有和蔼品质的孩子的。父母对他人的热情、平等、谦虚等处世原则和行为，是孩子最好的直观而生动的教材，会在潜移默化中培养出孩子尊重别人、爱护别人、和谐相处的良好品行。

5. 创造一个和谐的家庭环境

让孩子生活在一个宽容友爱、温馨和谐的家庭环境中，用父母的言行影响孩子，这样，孩子就会逐步形成一种持久的宽容忍让的善良品质。

孩子的宽容心是一种非常珍贵的感情，它主要表现在对别人过错的原谅上。这种感情对于孩子个性的健康发展，尤其是感情的健康发展以及对良好关系的建立有着非常重要的意义。宽容的人，时时刻刻都会受到他人的爱戴。因此，他们更加容易处理好各种人际关系，能够很快地适应各种不同的环境，能够融洽地与人合作，充分挖掘自己的潜能。富有宽容心的孩子往往心地善良，性情温和，惹人喜爱，受人拥护。

然而，在现实生活中，总有那么一些人，心胸狭隘，小肚鸡肠，处事总是持"宁可我负人，不可人负我"的态度。对别人的不是，甚至并非不是之处也斤斤计较；往往使一丁点矛盾进一步恶化，最终酿成祸患。轻则使人受伤，重者致人命亡。作为父母，这些道理要对孩子讲清楚。

穿梭于茫茫人海中，面对一个小小的过失，一个淡淡的微笑，一句轻轻的歉语，就会带来包涵谅解，这就是宽容。不要苛求任何人，要以律人之心律己，以恕己之心恕人，这也是宽容。宽容地待人、待事、待自己，善待一切存在。让孩子知道，因为宽容，我们知道了幸福的真正意义，因为只有宽容，世界才会越来越多姿多彩。

六、培养孩子诚实守信的好习惯

从小培养孩子诚实守信的好习惯，对于孩子来说终身受益。要从小事中培养，在大事中受用。久而久之，孩子就会变得格外信守诺言。

诚实守信是一个人最基本，也是最重要的品格，我们要把它作为人格教育的起点，诚实守信是一种言出必行、互不欺骗的优良品格。教育孩子养成诚实守信的好习惯，对孩子的成长是有很大影响的。要让孩子明白：一个人要诚实、不说谎、信守诺言，才能够建立起自己良好的信誉；如果经常说谎，会令人觉得你的话不可靠，到你说真话的时候，别人也可能仍然不相信，到那时就后悔莫及了。

生活在社会大家庭中，每个人的行为都要受到社会规范的约束。社会规范不是玄妙的观念，也不是空洞的说教，它是一种行为法则，是植根于我们头脑中的趋于本能的对事物的理解与尊重。不论社会发展到什么程度或处于哪个时代，都有自身独特的对社会规范的理解，有自己独特的价值系统。不论是国内还是国外，都有一些共有的对基本价值的尊重与遵守。这些基本的价值包括：诚实、勇敢、自律、忠诚、守信、无私和公正等。无论在家庭和学校，我们的孩子都在有意无意地接受这些价值观的熏陶。学校中更偏重于直接的灌输、纪律的约束和名誉的鼓励，那么在家庭中，如何最有效地培养孩子的道德、价值观念呢？

1. 父母要敢于承认错误

孩子诚实守信的习惯，首先是从模仿开始的。做父母的如果答应了孩子的事情就一定要做，努力为孩子树立诚实守信的榜样。一旦父母没有遵守诺言，就意味着为孩子种下了一粒不守约的"种子"。如果父母真的无法遵守诺言，一定要以道歉的方法予以解决，并且一定要告诉孩子遵守诺言是一种好习惯。

在现实生活中，许多父母都有可能不自觉地对孩子讲了一些不诚实的话，或者讲过的话没有兑现。这时候，父母一定要放下架子，以平等的身份向孩子承认错误，这样仍然会赢得孩子的信任。要知道，只有家长做出了优秀的榜样，孩子才能受到良好的影响。孩子的道德观、价值观的构筑也是从生活中一点一滴的小事开始的。

2. 给孩子树立诚信的榜样

要纠正孩子的不守信用，父母首先要做到言行一致。孩子的模仿能力很强，很容易受到某种行为的暗示。如果父母言行不一，不履行承诺，孩子就会受到暗示，跟着模仿。例如，父母如果答应了孩子星期天带他到公园去玩，就一定要去。如果临时有事，也要先考虑事情重不重要，若不重要，就要坚守诺言；如果事情确实比较重要，一定要向孩子说明情况，并争取以后补上去公园的活动。而且，应该尽量避免这种推迟或失约的事情发生，这样才能取信于孩子。

曾子是我国著名的思想家。有一次，他的妻子要出门，儿子要跟着一起去。她觉得孩子跟着很不方便，想让孩子留在家里，于是对儿子说："好儿子，你别哭，你在家里等着，妈妈回来杀猪给你炖肉吃。"

儿子听说有肉吃，就答应留在家里。曾子把这一切看在眼里，记在心里。

当曾子的妻子回到家时，看到曾子正在磨刀，就问曾子磨刀做什么。曾子说："杀猪给儿子炖肉吃。"

妻子说："那只是说说哄孩子高兴的，怎么能当真呢？"

曾子语重心长地对妻子说："你要知道，孩子是欺骗不得的，如果父母说话不算数，孩子长大后就不会讲信用。"

于是，曾子与妻子一起把猪杀了，给儿子做了香喷喷的炖肉。

父母的这种诚信行为直接感染了儿子。一天晚上，儿子刚睡下又突然起来，从枕头下拿起一把竹简向外跑。曾子问他去做什么。儿子回答："我从朋友那里借书简时说好要今天还的，虽然现在很晚了，但再晚也要还给他，我不能言而无信呀！"曾子看着儿子跑出门，会心地笑了。

"人无信不立"，为了培养孩子的诚信习惯，在日常生活中，父母对待孩子一定要诚信，不要说话不算话。有位母亲经常警告孩子，如果撒谎，他的鼻子就会变长。有人问这位母亲："如果孩子真的撒谎了，你有办法让他真的长出一个长鼻子吗？"显然，这位妈妈对孩子说的话本身就是不现实的，用这种方式来教导孩子不要撒谎是非常不可取的。

3. 适当奖惩

父母的言行一致、赏罚分明，会对孩子产生积极的效果。如果事先与孩子定好了制度，父母就要认真对待。对孩子行为的优劣，设有一定的奖惩原则。奖要奖得头头是道，恰到好处；惩要惩得心服口服，适可而止。奖励之前，要让他明白原因，以鼓励孩子继续坚持好习惯；惩罚之前，要警告孩子，犯错之后一定要按照奖惩原则，言出必行，并且对他讲清原因。

比如为了让孩子养成按时起床的好习惯，父亲和孩子有这样一个小协议：每天早上必须6点起床，否则要放弃吃早餐的权利，并且要为自己失信的行为负责。

如果孩子哪天起床晚了，父母要言出必行，一定要把早餐收起来，让孩子明白诺言是不可随意破坏的。其实早餐的本身并不是最重要的，而是让孩子明白每一个诺言都是认真的，是不可随意更改与破坏的。

诚信是人性一切优点的基础，诚信这种品质比其他任何品质更能赢得尊重和尊敬，更能取信于人。诚信是立身之本，是一个人最宝贵的财产，它不但能让孩子保持正直，挺直脊梁，光明磊落地做人，还能给孩子以力量和耐力。

七、培养孩子勤奋的习惯

　　培养孩子对学习的热爱、对学习的勤奋精神以及让孩子接受一流的教育，是最重要的。事实上，一个孩子掌握知识的多与少，完全取决于他的勤奋程度。

　　"宝剑锋从磨砺出，梅花香自苦寒来。"意思是一切成功的背后都有辛酸的磨炼，只有具有坚忍不拔、吃苦耐劳的精神才能成才。

　　"书山有路勤为径，学海无涯苦作舟。"浏览一下历史我们会发现，不论是善于治国的政治家，还是胸怀韬略的军事家；不论是思维敏捷的思想家，还是智慧超群的科学家，他们之所以在事业上取得不同凡响的成就，都是与他们的勤奋好学分不开的。

　　在浩瀚的宇宙中，所有的事物都在根据自身的规律永不休止地运行着。"世界上最伟大的法则就是工作，"有人说，"工作使有机的事物缓慢而有条不紊地朝着自己的目标前进。"任何地方一旦停止了活动，那么，就一定会后退。我们一旦不再使用自己某个部分的器官，它们就会开始衰退。只有那些我们正在使用的东西，大自然才会赋予我们力量，而那也是我们唯一能支配的东西。

　　现在的父母们望子成龙的心情太过急切，常常重视孩子的智力开发而忘记培养孩子一些决定他们命运的好习惯。为了把你的孩子打造成一个你心目中的"天才"，就要用正确的、合理的方法去培养孩子，激发他们的斗志，通过自我努力、自我教育形成勤奋刻苦的好习惯。

　　以下是给父母们的一些建议：

1. 通过劳动促使孩子勤奋

　　勤奋不仅表现在学习上，更表现在工作和劳动上。当孩子走上社会后，他的勤奋就直接表现在工作中。因此，父母要通过劳动从小来培养孩子勤奋工作的好习惯。

首先，父母要树立勤奋工作的榜样。许多时候，父母会做一些艰辛的工作，例如在非常恶劣的环境中，长时间地从事体力劳动，做一些又脏又累的活等。如果父母咬紧牙关，认真地去做这些事，孩子也会学到父母的这种勤奋。

其次，告诉孩子零花钱需要通过自己的劳动去挣，如果孩子想获得更多的零花钱，他就得通过自己勤劳的双手去干活。这样做的目的就是为了让孩子懂得，只有努力干活才可以有收获，懒惰的人是什么也得不到的。这样，等孩子长大后，他就能够勤奋地工作了。

2. 让孩子有替父母分忧的孝心与责任感

经受过一番勤奋刻苦磨砺的人，一定是一个已经具备责任心的人。责任，不但是要对自己负责，也要对关心自己的人负责。当一个孩子懂得了父母挣钱不易的时候，他就会想：我一定要争口气，让我的父母过上更好的生活。为了这个目标，他会更加勤奋刻苦地学习，不辜负父母的一片苦心。

因此，让孩子有替父母分忧的孝心与责任感，往往会成为激励孩子去努力奋斗的一种动力。

3. 劳逸结合，不烦不腻

劳逸结合的办事效率远远高于死缠烂磨的办事效率，其中原因就是使孩子保持着对事物的兴趣和积极的态度。在做功课时要充分注意休息时间，让孩子舒展一下筋骨、放松一下精神状态。不要长久地磨时间去学习，那样既达不到学习的目的，也容易使孩子产生腻烦心理。所以，在教育过程中，父母要根据孩子的精神状况，让孩子进行适当的休息或调整。

4. 对孩子循循善诱

无论是意志还是毅力，孩子总是不如成人，为了让孩子养成勤奋的好习惯，父母不妨采用循循善诱的办法——就是有步骤地引导孩子去学习。循循善诱要注意几个问题：一是要注意培养孩子在学习方面的基本功，比如孩子要有一定的知识面；二是要注意适时的教育，引导孩子勤奋学习要抓住孩子有学习欲望的时候；三是要注意适量，孩子毕竟是孩子，不要以成人的标准去要求一个孩子，学习的内容不能超过孩子所能承受的范围；四是父母态度要平和，引导孩子勤奋学习应该怀有一种平常心，不要急于求成，否则只会得到适得其反的效果。

5.父母要让孩子多听，多接触勤奋的事例

"天道酬勤"也好，"几分耕耘，几分收获"也好，这些都说明了养成勤奋刻苦好习惯的重要性。

父母要经常给孩子讲一些比如古时"头悬梁，锥刺股"的学习精神与现代的学习环境作比较；在电视上所看到的奥运会、亚运会或全国运动会上的金牌得主，他们训练的刻苦、拼搏的顽强，以及不夺金牌誓不罢休的毅力，无一不是勤奋刻苦的真实写照等等。让他们明白，一个知难而退、怕苦怕累的人，是必然一事无成的。因为世界上没有一件东西是可以不劳而获的。"付出才会有收获"的道理，需要父母以身作则的榜样示范、孩子亲力亲为的亲身体验。

父母还可以通过讲一些名人勤奋好学的故事，让孩子知道，只要能克服艰苦条件而勤奋学习都是可以取得成功的。让孩子知道，能够克服艰苦条件而勤奋读书，是很不容易的一件事，在崎岖的奋斗中能坚持下来，更需要一种毅力。但是只要坚持下来，就能拥抱成功。

一个人若想成功其实并不太难，只要他能够勤奋地做人，勤奋地做事，勤奋地学习和积累。一个人勤奋的品质，就是他人生的资本。越勤奋的人财富就越多。越懒惰的人，所失去的人生机会也就越多，等待他的也只能是个失败的人生。

八、培养孩子谦虚的习惯

巴甫洛夫说："绝不要陷于骄傲。因为一骄傲，你们就会在应该同意的场合固执起来；因为一骄傲，你们就会拒绝别人的忠告和友谊的帮助；因为一骄傲，

你们就会丧失客观方面的准绳。"所以，父母如果发现了孩子骄傲的情绪，一定要尽快地加以纠正。

谦虚是一种美德，"枝横云梦，叶拍苍天，及凌云处尚虚心。"我国古代诗人曾以竹子来歌颂谦逊的品格。谦虚也是一种求实的态度。它能使人比较清醒地认识自己所取得的成绩和存在的问题，比较清醒地认识主观与客观、个人与集体的关系。孩子也必须明白，骄傲是谦虚的对立面，是前进的大敌，是失败的阴影。一个人的成绩都是在他谦虚好学、俯下身子实干的时候取得的。当他什么时候骄傲了，自满自足了，那么他就必然会停止前进的脚步；而骄傲自满、故步自封不但是个人成长进步的障碍，而且还会造成伙伴关系的紧张。

所有骄傲的人都会这么认为：自己有学识、有能力、有功劳，而谦逊的人却总是习惯于认为自己还差得很远。骄傲的人也许真的有其骄傲的资本，然而谦虚的人难道就真的没有让他们产生骄傲的条件吗？

实际上，使一个人产生骄傲的真正原因并非饱学，而是无知。同样，一个人会谦虚也不是因为他差得很远，恰恰相反，他甚至会超越那些自以为是的人。谦虚与骄傲的原因在于一个人的总体修养如何，而不在于是否多读了几本书或是多做了几件事。

希腊古代大哲学家苏格拉底的一则小故事，可以充分说明这个问题。

苏格拉底是古希腊哲学家中最受人尊敬的一位。他不仅学识渊博，而且非常善于辨析，不管是谁提出的任何问题，只要到了他的手里，没有不迎刃而解的。尽管这样，他还是非常谦虚，从来不以权威自居。

由于博学而且谦逊，苏格拉底被公认为最聪明的人，好像没有什么事情是他所不知道的。但是苏格拉底却一点也不这样认为。他说："不可能！我唯一知道的事情是，我一无所知。"

但众人仍异口同声地称赞他是天下最聪明的人，并建议他到山上的神庙去占卜，看看天神的意见如何。于是苏格拉底来到神庙去占卜，占卜的结果明白无误：他确实是天下最聪明的人。面对神谕，苏格拉底无话可说了，但是口里仍然喃喃自语："我唯一知道的事情是，我一无所知。"

像苏格拉底这样博学多才的大哲学家却认为自己什么都不知道，可见他是多么谦虚。这种谦虚可以让他不断地进步。但是却有很多人认为自己天下第一，这样的人，哪有不跌跟头的。

在现在的社会家庭环境中，一些独生子女往往不能正确对待荣誉与成绩，他们之中有的会因为骄傲自大而看不起同学；有的会因为自己成绩拔尖而逞能；有的会产生盲目自满的情绪；有的会有一点进步就沾沾自喜；甚至有的会把集体的成绩看成个人的。这些表现将会使他们不再进步，甚至会脱离同学、脱离集体，进而失去目标，成为一个后进同学。不过父母也不用太过紧张，可以通过各种途径来帮助孩子找到其骄傲的原因。

首先，家长要向孩子讲明"谦虚使人进步，骄傲使人落后"的道理。一个人如果谦虚就会永不自满，就会不断学习新知识和新事物，他们会学习别人的长处和一些先进的经验，进而使自己不断进步。而一个骄傲的人就会自满自足，故步自封，他会认为自己什么都掌握了，也就不会学习别人的优点长处和新知识、新事物了。这样，他就会原地踏步，就会掉队。此外，谦逊的人能虚心好学，尊重他人，团结他人。而团结、谦逊的结果往往能凝聚起更大的力量，取得更大的进步。而骄傲自满瞧不起别人，往往会自以为是、盛气凌人、伤害别人、影响团结、导致失败。所以谦逊会迎来成功，而骄傲最终只会导致失败。

其次，在培养孩子的谦逊品格时，还应当结合讲道理、多举实例的方法。"勤于学，严于分，善于比"的教育方法，很值得借鉴和参考。

勤于学，就是让孩子不断学，让他知道，取得了一点成绩并没什么了不起，只要你继续学习，就会发现自己原来这个也不了解，那个也不明白。这样，他就会知道自己有很多不足的地方。所以，当孩子在某个领域取得一些成绩后，不要让他产生骄傲的情绪，一定要让他继续学习，为他确立新的目标，只有这样他才会知道自己原来还有那么多东西不会，而自己所取得的成绩实在不值一提，正所谓"学问茫茫无尽期，为人第一谦逊好"。

严于分，就是要严于解剖自己。每当孩子取得成绩后，父母一定要和孩子一起冷静分析，用"两点论"来看待自己，要告诉孩子"寸有所长、尺有所短"的道理，而每个人总是有长处也有短处。所以既要看到自己的优点，也要看到自己的不足。这种方法可以有效防止骄傲情绪的滋生。

善于比，就是要教育孩子以己之短比人之长，和比自己强的人比，找差距，确定自己应该向别人学什么。应该知道"山外有山，人外有人"。有首民歌写得好：

山外青山楼外楼，英雄好汉争上游，争得上游莫骄傲，还有英雄在前头。

我们还要让孩子认识到：他自己现在年龄还小，知道的东西少，经验也少。所以，必须要认真学习，向成人学习，向别的小朋友学习，要知道"三人行必有我师"的道理，只要虚心学习就能向任何人学到东西。如果他一旦产生了骄傲的情绪，他就会变得看不起人，也就不可能前进，结果必然会影响到自己的进步。

此外，在家庭生活中，父母不要代替孩子做他自己该做的事，让孩子自己学会思考问题，以免孩子以为世界上的一切事情都很容易。如果有可能的话，家长甚至可以有意识地制造一点困难让孩子去克服，使孩子认识到不管做什么事情都并不是那么容易，在人生的道路上还有很多困难等着他去解决，从而就会促使孩子虚心学习，取人之长，补己之短，不断进步。

九、培养孩子幽默的习惯

幽默风趣既是一种喜剧性的艺术形式，也是一种适应环境的人生态度，在人与人的交往中，更是一种沟通的技巧。因此，培养孩子的幽默感，是赋予孩子独特个性的神奇魔力。

幽默风趣这种能力也是因人而异的，有的孩子可能会比其他的孩子更幽默些。然而每一个孩子享受幽默的能力却是相等的。父母可以鼓励孩子在家里制造一些幽默的气氛，这样不但可以让家庭有一种和谐愉悦的气氛，而且可以让孩子紧张的神经得到放松和休息。

在我们的国家，因为受到传统的"君臣、父子"方面的道德文化的滋养，所以，一般父母与子女的关系是很严肃的，如果一个儿子和他的父亲开玩笑，就会被认为是"没大没小"、"没尊没卑"了。同样的，如果父母和子女之间有点"幽默"，就会显得父母轻浮了。因此，直到现在仍旧会有一些父母以长者自居，不能和孩子平视。然而，这样一来，孩子的性格里就会少了些许"幽默感"。

如果父母在教育孩子时，能来点幽默，可能就会有意想不到的效果，在充满幽默的环境下教育孩子，那么孩子的性格中也就自然而然地充满了幽默的因子。幽默是一种非常重要的社交技能，不管是成人还是孩子都非常推崇这种品质。尽管孩子们讲笑话和使别人发笑的能力各有不同，但每个孩子都有欣赏幽默的才能。幽默的孩子会成为伙伴中的焦点，这样有利于培养他的领导和组织才能，幽默的孩子在走向社会的时候，也会在这个复杂的社会里生存得游刃有余。

那么，如何把孩子培养成一个人见人爱、幽默风趣的人呢？

1. 营造一些幽默环境

父母可以在家里搞一些活动，比如，可以拿出一些时间，让全家人聚在一起讲笑话和谜语。在讲笑话的时候，父母可以搞一些怪相和鬼脸把孩子逗笑。当父母讲完之后，也鼓励孩子讲一些他所知道的故事。当孩子讲完之后，父母一定要表现出很好笑的样子，这样才会让孩子有继续讲下去的勇气。还可以多让孩子看一些幽默的图画，以增强孩子的幽默感。

2. 用幽默的方法培养孩子

在日常生活中，父母要有意识地运用幽默的方法培养孩子的幽默感。幽默的方法不仅可以培养孩子的幽默感，而且往往可以保护孩子的自尊心，会产生较好的教育效果。

使用幽默式的语言会让孩子感到快乐，而且会更加听从你的教导。比如，许多孩子在玩玩具时，往往比较兴奋，能够一口气玩上半天甚至一天。但是，在玩完后，孩子却很少会主动去收拾整理玩具。这时候，父母最好不要说："快把玩具收拾起来！要不以后就不让你玩了！"可以使用幽默一些的语言："玩了这么长时间，你肯定累了吧？问问这些玩具，它们是不是也累了？要不，你把它们送回家吧，让它们好好休息一下，明天再跟你一起玩好不好？"相信孩子会用一种同情心去感受，并会主动地收拾好玩具的。

3. 经常给孩子讲一些幽默故事

在家庭生活中，父母可以经常给孩子讲一些幽默故事，让孩子在不断的熏陶中逐渐培养起幽默感。孩子听多了幽默故事，自然能够模仿、吸收幽默故事中的幽默因子，也会逐渐变得幽默起来。

值得注意的是，跟孩子说笑话或表演滑稽的动作时，要考虑孩子的年龄。因为大人认为好笑的语言或动作，孩子不见得有同感。但孩子认为好笑的语言或动作，大人要陪孩子一起笑，虽然从大人的角度来看也许并不见得好笑。

4. 丰富孩子的幽默词汇

六七岁的孩子正是语言能力加强的年纪，他们会渐渐明白许多词语有多种不同的含义。他们喜欢讲一些有双重含义的词语。

十几岁的孩子则更迷恋于双关语和笑话，他们喜欢用这种双关的语言和笑话来表达对他人的正面或者负面的情感，保持与同伴之间的亲密关系。有时候，这种笑话会成为孩子们友谊的象征。如果一个孩子被其他同学告知了一个笑话的内容，这就表明他已经被这位同学接受了，对方愿意把他当成好朋友。

因此，孩子们需要有丰富的词汇来帮助自己表达幽默的想法。如果词汇贫乏，语言的表现能力太差，那也无法达到幽默的效果。父母平时可以多给孩子讲些幽默故事、机智故事、脑筋急转弯等，训练孩子思维的敏捷性，丰富他们的词汇。

5. 注重幽默的高雅性

父母应该让孩子明白，幽默可以让人感到快乐，同时幽默也可能成为伤害别人的工具。比如，别人的种族、宗教信仰、生理残疾等是不能用来当作幽默材料的，这样会伤害对方的情感。如果孩子在无意中开了这样的玩笑，父母千万不能鼓励，而是应该郑重地与孩子讨论一下这个问题，引导孩子尊重他人。

父母在培养孩子具有幽默感的同时，也要记得自己孩子的个性特点。有的孩子比较活泼，有的孩子比较内向，他们所表现出的幽默感的形式也会有不同，有的比较外露，有的比较含蓄。幽默来自人丰富的内涵，随着知识面的拓宽、阅历的增加，举止谈吐自然会有所改变。父母不要操之过急，要耐心丰富儿童的内心世界。真正的幽默是自然而然表现出来的，千万不要为了幽默而幽默，最终变成冷嘲热讽，或者变得油嘴滑舌。这些都不是父母培养孩子幽默感的初衷。

6. 和孩子共同创造幽默

我们很多父母在处理事情和教育孩子等方面，很少会利用"幽默"这种方法。据南开大学社会学系对北京、天津两市的 300 多户家庭的调查显示，妻子认为丈夫情感呆板，缺少幽默、浪漫情调的占 61.7%；丈夫认为妻子多柔情、少幽默的占 80.4%；而子女认为父母毫无幽默感的高达 88.8%；只有 11.2% 的父母知道用幽默方法，实在少得可怜！

父母要亲力亲为，与孩子共同创造幽默，这对培养孩子的幽默个性起着重要的作用。

其实幽默是情感宣泄的一种方式。弗洛伊德说："诙谐与幽默是把心理的能量以游戏的方式释放出来。"幽默也是一种乐观向上的生活态度，它基于一个人对自己的尊重。幽默与搞笑是截然不同的，在大多数情况下，有幽默感的人总是不动声色就能使别人充分享受到幽默的愉悦。

幽默感是人与人之间的润滑剂，通过幽默的表达，可以舒缓紧张情绪，更能营造出快乐的气氛。父母应给孩子足够的空间，让他们寻找自己的生活乐趣。

十、培养孩子助人为乐的习惯

一个懂得帮助他人的人，才能得到更多人的帮助，才会有更多的朋友，才能获得更多的机会，也才能取得更多的成功。因此，父母要积极培养孩子帮助他人的好品格，鼓励、尊重孩子去帮助他人。

现在的很多孩子都是独生子女，这些孩子在家里面也都是处于一种随时被照顾的地位。这就减少了他们去关心、照顾别人的机会，有的甚至会很少想到别人，除非是他们需要别人帮助的时候。这一切看起来是自然而然地就形成了，可是，这些却非常不利于孩子的成长，不利于孩子形成优良的品格；不利于孩子长大后进入社会和人相处，它甚至会妨碍到孩子的学习以及事业上的成功。

乐于助人是一种高尚的品质。这对于一个孩子来说，可能会难以理解，因为他们可能对此没有明确的认识，还不懂得它的社会意义。可是孩子们都是极富同情心的，他们的同情心就是培养他们乐于助人的精神基础。

乐于助人的对立面就是自私，自私是一种人的本能反应，这种本能是必须靠道德的约束力才能加以约束的。有些孩子会喜欢主动帮助别人，会把别人的事当作自己的事情来对待，有的孩子则对别人的事毫不关心，认为那是别人的事情，跟自己没有什么关系，这就是一种自私的表现。一个自私的人的生活是毫无乐趣可言的，因为他没有朋友、内心孤独。一个自私的孩子也只会远远地看着别人在一起玩得兴高采烈，自己一个人站在旁边，这只是因为他的自私让伙伴都远离他。所以，父母一定要培养孩子乐于助人的好习惯，因为这不只是在帮助别人，同时也是在帮助你的孩子健全他的性格。

父母培养孩子助人为乐的品格，可以从以下五点做起：

1. 尊重他人

培养孩子帮助别人的习惯也和培养孩子其他方面的习惯一样，一定不要强迫他去做什么，而是要让他把这些作为一种助人为乐的习惯，让他从家庭中懂得仁爱、友情、亲情、付出与给予等方面的善行给他所带来的喜悦。

想要让孩子懂得礼貌让座、尊老爱幼、不欺弱小的道理，首先要让他学会去尊重他人，并且要付之于行动。只有这样，他才会真诚地并且是不图回报地去帮助别人。在日常的生活中，父母要经常向孩子讲述一些关于尊重他人、乐于助人的事例，还要让孩子知道为什么那些帮助他人的人会受到那么多人的爱戴，让他从中认识到尊重别人、以诚相待是受世人关注与爱戴的原因，让他明白尊重他人等于尊重自己、给予与付出对等、爱是一种双向的相互关系。

2. 与人分享

不懂得和别人分享的人是自私的，这种人是从来不会去帮助别人的，即使是他做了什么帮助别人的事情，也可能是另有所图的。所以，想让孩子养成帮助别人的习惯，首先应该让他学会和人分享，让他体会到和人分享的乐趣。

在一个阳光明媚的星期天，妈妈带着女儿去公园玩，来到一个小亭子里，妈妈打开装零食的小书包，女儿拿出她最爱吃的小熊饼干快乐地享受着。这时，一个哭泣的小孩子也来到了小亭子，并且一边哭一边叫妈妈。妈妈对女儿说："这个小弟弟可能是找不到妈妈了，我们把他送到公园管理处，好吗？"女儿点点头。妈妈再看向小孩子，只见他眼带泪花地看着女儿手中的小熊饼干。女儿好像也察觉到了，于是下意识地用手捂住了小书包。"如果是你找不到妈妈了，现在又急又饿，你是不是希望吃一块饼干？"妈妈耐心地引导女儿。女儿想了想，把手伸进了书包，拿出了她最爱的小熊饼干。

通过这个小故事可以看到，虽然孩子的年龄小，但是他们有着善良的心地和单纯的想法，所以父母要鼓励孩子的参与意识和分享意识，使孩子对帮助别人产生兴趣，并且通过帮助别人得到一种满足感。经过时间的锤炼，孩子的这种美德意识就会在他们体内生根发芽，并且逐渐在心中形成一种可以影响他们今后人生的良好品质。

3. 鼓励孩子帮助别人

在日常的生活中，要用鼓励的方式让孩子帮助父母做一些力所能及的事情，这样可以增强孩子助人为乐的责任感。还可以通过讲道理的方式让孩子知道，如果一个人只想到自己而不能给予别人帮助，那么，他就是一个自私的人。当然，这样的人就会被孤立起来，同样得不到别人的尊重和帮助。所以，让孩子迈出助人为乐的第一步，就一定要鼓励孩子去帮助别人。

有时当孩子准备把座位让给一位老人时，父母不要因为心疼孩子而阻止他的善行，应该给予鼓励、欣赏、赞扬，证实他的做法是非常正确的。

父母在培养孩子助人为乐习惯的时候，还一定要注意对孩子品德的培养，教导孩子学会尊重他人，不论别人身份高低贵贱。当别人需要帮助时，不要视若无睹，要毫不吝啬地贡献。平时要多体谅他人，多替别人着想，乐于助人，尊老爱幼，帮了别人无所求，得到帮助一定要知道感恩。要鼓励孩子从多方面加强修养，提高孩子的觉悟，唤起他的良知，使他认识到自己的善行会给他人带来的快乐，使他们在善与恶、美与丑、真与假的斗争中反省自己并取得进步。

4. 以身作则

父母在对孩子进行教育的时候，一定要身体力行、以身作则。要知道，一个人的品质和习惯并不是一时之间就能够养成的，也不是说只通过一次教育就可以成功的，而是要经过长期而有效的教育以及各个方面的努力、多方面的原因才有可能形成的。这段时间，父母的引导和示范起到了不可忽略的作用。但是，如果父母给孩子做了一些不好的榜样，那么所做的所有努力就会功亏一篑。所以在让孩子养成帮助别人的习惯时，父母一定要身体力行地去帮助他人，这样的教育不需要语言的说教，只是一种环境的熏陶。

培养孩子乐于助人的品格，还要有赖于家庭成员特别是家长的榜样作用。孩子是父母的一面镜子，家长的行为，常会在孩子身上反映出来。因此，家庭成员间互相关心、邻里间的互相帮助等，能直接影响到孩子。

5. 寻求帮助

一般孩子在 3 岁左右就已经开始有了独立的愿望，并萌生自我意识。那时候的他们不愿意接受别人的帮助，尤其是对父母的包办或摆布会产生反感。他们更喜欢自己动手去做，即使做不好也不会寻求援助。有时候，本来是一件通过别人指点就可以解决的事情，就因过不了"自尊"的关卡而使他对事物认知停留在一知半解的范围内。所以，父母应该让孩子去寻求别人的帮助，告诉他谁都有解决不了的事情，都会有需要别人帮助的时候，让他明白向别人求助并不表示自己是个弱者，也不是一件丢人的事情，而是非常正常的。

十一、培养孩子爱劳动的好习惯

　　热爱劳动是一个人在体格、智慧和道德上臻于完善的源泉。不要一味地觉得孩子还小，没有什么可以让他做的。国内外专家们都认为，劳动观念必须让孩子从小就养成，要让孩子在家庭的日常生活中，承担一些在他能力范围内的家务。

　　"劳动最光荣"，这句话一点都不假，劳动是人类生存的基础和手段，也是人类区别于其他动物的特点之一。父母要知道，即使是一个两岁大的小孩子，也要让他懂得收拾自己的玩具和睡衣之类的东西。当孩子逐渐地长大，他就会成为一个有能力独自做大部分家务活的帮手。如果父母过分地宽容孩子、宠爱孩子，什么事情都舍不得让孩子做，这样对孩子一点好处都没有，只会把孩子变成一个懒惰、依赖性强的人，这对孩子的人生有着非常大的危害。

　　如果父母想让你的孩子健康成长，真的是爱你的孩子，就让他们从劳动开始吧。其实，孩子天生就是喜欢劳动的，当他们在四五岁的时候就已经表现出来了，这时候的孩子很喜欢帮助父母干活，可是父母却总是把孩子的好意看成是"捣乱"。就这样，孩子的劳动热情被父母扼杀在摇篮里了。到孩子10岁左右的时候，就会出现明显的懒惰现象。当孩子进入学校之后，一些父母只想到要让孩子好好学习，于是，又将劳动和孩子分离。他们认为，孩子要把全部的心思用到学习上，全身心地争取到优秀的成绩，他们不准许劳动来扰乱孩子的学习。而这样的结果，只会让孩子形成一种孤僻的性格，机械式地为父母"提高学习成绩"而马不停蹄。

　　有些父母则从小就对孩子进行劳动教育，不但让孩子养成了热爱劳动的习惯，而且不管遇到什么事情，这些受过劳动教育的孩子都会尽自己的全力去完成。无论是在劳动方面，还是在学习方面，他们都有一种自觉的心理和一种责任感，而且在做事情的时候根本不需要任何人去监督和督促。在劳动中可以培养孩子乐观向上的性格，也可以让孩子感到劳动成果所带来的喜悦和自豪，让孩子在学习上也会感到轻松和简单，这样，孩子的成绩当然就会进步得很快。所以，想让孩子可以轻松地走过受教育阶段的父母们赶快开始行动吧，让你的孩子从小就成为一个劳动高手。

怎样让孩子养成热爱劳动的习惯呢？

1. 从做家务开始

现在绝大多数家庭中的家务没有科学安排，差不多都是由父母来做的。但是，如果想让孩子热爱劳动，就要从做家务开始，这虽然是一件小事情，但是却绝对不可以忽视，父母要让孩子从小就具备做家务的习惯和能力，应该让孩子把家务看成是生活中很自然的内容之一。其实，对于孩子来说，常常做家务除了可以培养热爱劳动的习惯之外，还可以养成务实的良好品格，培养做事情的能力和集体精神。父母什么家务都不让孩子做，这看起来好像是父母对孩子的一种"爱"，可就是这种"爱"在无形中抑制了对孩子许多良好习惯的培养。所以，父母一定要舍得让孩子参加家务劳动，帮助孩子成为有责任感和热爱劳动的人。

2. 多称赞，少批评

对于孩子来说，称赞是最好的一种鼓励方式，所以，父母要经常对孩子说一些称赞的话，或是感谢的话。比如，父母可以感谢孩子的劳动为自己提供了很大的帮助，或是夸赞孩子是多么的聪明能干。这会让孩子有一种成就感，也会调动孩子参与劳动的积极性。让孩子参加家务劳动，是让孩子学习的一个过程，也可以让孩子从中得到锻炼。然而在这个过程中，失败是在所难免的，当孩子做家务遇到失败时，父母千万不要对孩子进行指责，而是要和蔼地告诉孩子，没有谁可以不经历失败就直接拥有成功，只要能从失败中吸取教训，就会有从头再来的机会。

最重要的一点是，父母可以口头称赞孩子，但是要尽量避免用金钱作为奖励，因为做家务是每个家庭成员所应尽的义务。

3. 针对孩子的兴趣

想要培养孩子的某种习惯就要让孩子对其产生兴趣，这样就会达到事半功倍的效果。一般的孩子都喜欢家里来客人，父母就可以让孩子准备接待客人所用的一些物品，还可以让孩子来招待客人。让孩子做一些他喜欢的事情，可以调动他体内的积极因子，让他自动地去做事，这样慢慢地就会让他养成热爱劳动的习惯。

4. 增强孩子的责任感

责任感是让一个人自动去做事的驱动力，通过做家务会让孩子体会到父母的辛苦，也就会逐渐承担一些家庭里的责任。这样就会提高孩子的责任感，也培养了孩子的良好品质。当孩子在父母的谆谆教导下渐渐地养成了热爱劳动的习惯，当孩子感受到自己的劳动所带来的快乐，以及自己的行为所产生的正面影响时，他们就会更加努力、自信地承担起自己的劳动义务。

5. 让孩子有实践的机会

对孩子进行劳动教育，不能只限于口头，而应该通过劳动实践来进行，多给孩子劳动的机会。如果父母在平常没有让孩子参加具体的劳动，那么，孩子是不太可能爱劳动的。其实孩子具有很强的模仿能力，然而却被许多父母给剥夺了。比如，当他们看到妈妈在洗衣服时，他也会要求洗；看到爸爸在修电视，他也会在一旁跃跃欲试。当遇到这种情况，父母一定不要拒绝孩子，这个时候正是父母教育引导的好机会，给予孩子适当的肯定不仅可以保护孩子的劳动热情、培养孩子的创造能力，而且可以培养出孩子热爱劳动的习惯。

十二、怎样纠正孩子的坏习惯

在孩子身上出现一些不良行为是正常的，父母不需要大惊小怪。当父母发现孩子的不良行为时，要及时地想出应对的方法，让孩子改正他的行为。这样，既纠正了孩子的不良行为，又增强了孩子对出现错误的免疫力。

经常会听到一些父母这么说："我的孩子有很多行为会让我觉得非常生气。他非常懒，在家里什么事情都不做，经常犯错误，说了他也不改。还常常做一些愚蠢的、欠缺考虑的事情。"确实，很多孩子都会有上面所说的行为。当父母发现孩子有一些过火或是不良的行为时，父母常常会不假思索地作出一些过火的反应，尤其是当孩子屡教不改的时候，父母往往会更愤怒。

有很多父母都认为，不管什么事情，孩子都一定要按照父母的意思去做，最好不要出现什么不良行为。其实，这好像是不可能的。父母们应该好好想一想，有没有一个人一点不良的行为都没有做过，即使是一个大人也会出现一些不良行为，更何况是一个孩子。当孩子出现了不良行为时，关键看父母怎么样去面对和处理。

的确，孩子需要约束，但是父母要怎么做才能在做法得体、不失沉稳的前提下，让孩子去做正确的事情呢？

1. 改变孩子生活的环境

很多孩子对周围的事物会感到好奇，也总会想对某一件东西研究一下，所以他们喜欢东摸摸，西看看，可是一摸到什么容易破碎、损坏的东西时就会遭到父母的训斥。然而父母的训斥除了让孩子耍一顿脾气，然后对这个不让碰的东西更加感兴趣之外，不会收到任何效果。如果父母不想让孩子碰到这些东西的话，其实很容易就可以做到，那就是把这些易碎、易损的物品放到一个让孩子拿不到、看不见的地方，这样，问题很容易就可以解决了，根本就不需要对孩子大喊大叫的。

针对孩子的一些行为问题，有时候并不需要父母去训斥孩子一顿，甚至不需要和孩子去商量就可以解决。例如，父母不必对孩子说："不要把你用的玻璃茶杯打碎了。"为什么不让孩子平日使用塑料茶杯呢？每次你发觉自己对孩子大喊大叫时，就把它记录下来，随后，看一看是否可以通过简单地改变环境，来解决反复出现的问题。

2. 与孩子进行有益的对话

在家中和孩子扮演不同的角色，演练那些孩子的行为容易出现问题的情景，可以教孩子懂得什么该做，什么不该做。还可以和孩子进行一些对话，让孩子从中发现自己的不良行为，进而自己改正。这样，比父母在一旁大声喊叫的效果要好得多。

3. 让孩子学会自我管理和自我控制

"自我管理"这种技能可以帮助成年人实现自己确立的目标，成为事业上的成功者。而父母也可以让孩子掌握这种技能。

有一位家长说自己的孩子有一段时间非常迷恋音乐碟和影碟，每次和父母出去的时候就会买一大堆碟回来，而且这些碟的质量很差，其中还有很多是重复的，并且价钱非常贵，让孩子在上面花了不少的钱。

为培养孩子的理财意识，建议父母为孩子在银行开一个账户，每月为这个账户提供一定数额的可支配资金，这样就把消费自主权给了孩子。但是同时要求孩子建账管理，订立"财务制度"，如果一有超支就要"扣税"，如果有结余就要予以奖励。这样的话，家长就只需要负责孩子的生活学习用品，其他的一切开支都由孩子自己承担。这样不仅可以控制住孩子乱花钱的行为，而且还可以让孩子在购买活动中学会节省。

4. 巧妙地变批评为表扬

当孩子已经犯了错误，同时这些已经错了的孩子又固执己见，不听家长和老师的忠告，这通常会引起他们更大的愤怒。但是如果家长仔细想想，对于已经犯了错误的孩子，他们心里肯定也有很大的压力，他们的自尊心又不允许他们"盲从"，所以，家长首先应该做的不应是责骂或训斥，而是与孩子进行有益的对话。

这种对话式的教育，不仅保住了孩子可贵的积极性，也保住了他的自尊。实际上也是给他以认可和鼓励，让他不必在心中放太多的包袱，认为自己是个不守纪律的孩子。而批评与指责，却可能挫伤他的自尊，令他产生逆反心理，故意重复同样的错误。

5. 父母要以身作则

让孩子们懂得什么该做、什么不该做的最为有效的途径之一，就是让他们向你看齐。只要你能够在行为举止方面给孩子们作个好榜样，他们迟早会仿效你的。俗话说，榜样的力量是无穷的。只要你能够处处起到表率作用，那么你的孩子总有一天，将会心服口服地跟着你。

现在的孩子大都是独生子女，这就造就了孩子在家庭中的特殊地位。从小就生活在以他自己为中心的氛围里，家里所有的人都宠着他，要什么就有什么，什么都听他的，要是哭起来就会被抱在怀里哄着。在这种过度的溺爱中，会让他产生一种什么都要顺着他、都要为他服务的观念。这样就会让他养成爱发脾气、骄傲、任性、不听管教等不良性格，而且独立生活能力也差。再加上没有兄弟姐妹，缺少孩子之间的互助、互让和分享要求的体验，缺少兄弟姐妹之间的情谊和关怀，这样，许多不良的心理和性格就会形成。所以，如果父母想使孩子养成良好的品德，减少孩子的不良行为，就要维持一种正常的家庭关系，让孩子感受到互相关心、爱护和尊重，这样，才会拥有一个各个方面都健康的孩子。

十三、让孩子丢掉爱磨蹭的坏习惯

想让孩子做起事来敏捷利索，不要马马虎虎、慢慢吞吞的，这就需要父母在平时多创造一些机会让孩子做一些他力所能及的事情，也要让孩子知道做事慢的人会造成一些怎样不好的后果。这样，孩子就会在做事情的时候有意识地加快速度。

有人说，一个人生来就会有一种特殊的能力，不过并没有显露在外面，而是隐藏在人体内。如果谁能发掘出这种潜在的能力，谁就会是天才，只要对这种潜在的能力进行充分的利用，就会做出一番不平凡的事业来。而培养孩子敏捷灵巧的习惯就像是发掘人体内的潜在能力一样，需要父母去诱导孩子自由地发挥这种潜在的能力，从而让孩子养成雷厉风行、严谨高效的办事风格。但是切记不可以对孩子灌输那些陈年的术语和乏味的公式，那样只会适得其反。

那么，怎样才能让孩子克服磨蹭的毛病，从而养成敏捷利索的习惯呢？

1. 诱导孩子

为了培养孩子敏捷灵巧的好习惯，父母应该处处做孩子的表率，要知道，孩子的好坏习惯大多是父母教育和影响的结果。可以这样认为：孩子是父母的翻版。父母要想培养孩子敏捷灵巧的好习惯，就必须注意自己平日的言行，看自己是否做到了敏捷灵巧。

2. 给孩子找动作快的感觉

要给孩子找动作快的感觉，让孩子尝到动作快的甜头，不要给孩子慢的心理暗示，有一些孩子存在逆反心理，你越说他动作慢，他就会越慢。父母要把动作慢看作是正常的，就如同孩子刚开始说话时，说不好也是正常的。当孩子的动作快的时候，父母要对其进行表扬，正所谓优点不说不得了，缺点少说反而逐渐少。还有，父母可以在一段时间内集中解决一个问题，这样父母和孩子都能看到变化，并且可以增加解决问题的信心和动力。在变化的过程中父母对孩子的每一点微小的进步都要进行鼓励。

平常在家，也可以多进行一些竞争比赛。比如，看谁起床快又好，比比谁先洗完手绢和袜子等等。

3. 鼓励孩子多动手

"孩子的智慧在手指上"，这句名言给了家长很大的启发。想要开发孩子的智力，最简单而高效的方法就是运动双手。特别是幼儿时期，大脑发育很快，双手动作灵活，能促进头部机能的发展，使大脑变得更聪明，就是我们平时说的"脑子越用越灵"，这样有利于孩子敏捷灵巧习惯的培养。

4. 锻炼孩子视觉、听觉、触觉的灵敏度

培养孩子敏捷灵巧的习惯，需要发展孩子的各种能力，比如视觉、听觉、触

觉。如果一个人闭起双眼，那么他走起路来就会显得笨拙；捂住耳朵，对别人的表达就不甚明了；失去触觉，就会变得麻木。因此父母必须让孩子的各种能力都成长起来，才能达到敏捷灵巧的目的。

比如说以做游戏的方式，蒙上孩子的眼睛，让他在屋子里摸索，碰到一件东西让他猜是什么，这类游戏能有效地发展孩子的触觉；通过做数数的游戏，把豆子放在桌子上，让孩子——数数字，可以发展他的视觉；给孩子播放许多动物的录音，让他判断是什么动物，或者判断外面的脚步声是爷爷的还是奶奶的等，以发展孩子的听觉；或者随意说出一个数学等式让孩子马上说出结果，以锻炼孩子的反应能力。

5. 抓住兴趣及时表扬

兴趣是孩子做事的前提，父母的表扬是孩子的动力。因此父母要抓住孩子感兴趣的事物加以诱导，当孩子做出成绩时，不忘表扬、鼓励。

对于动作慢的孩子批评与训斥是没有用的，而且如果父母总是在孩子做事的时候指责他们动作慢，就会使孩子渐渐认为自己就是一个做什么事都慢的人，即使想快也不可能，继而认同了这一事实，无论父母怎样要求他也不会主动尝试提高速度了。父母可以注意观察一下孩子做哪些事情因比较感兴趣而速度稍快，抓住其中几件好好夸夸他，从而强化孩子好的行为，并且还可引申到其他活动中：在表扬之余略表一丝遗憾——要是某某事也能做得这样好就太棒了！

有很多孩子磨磨蹭蹭，一件事必须得让家长费尽口舌，他才肯动一动，让家长们大伤脑筋。分析孩子磨蹭的原因，会发现有些事是因为孩子不愿干、觉得没意思的事情，比如吃饭、洗碗、穿衣服等等，这样家长应给孩子制定一个严格的一日活动时间表，可以把孩子感兴趣和不愿干的搭配起来；如果上床晚了，妈妈就没有时间讲故事了，如果吃饭慢了，有趣的《特种部队》就演完了等，这样使孩子珍惜时间。有时候孩子干事磨蹭也可能是由于对这项工作还不熟悉。比如：穿、脱衣服，刚学会穿衣服的孩子在扣纽扣的时候是很费劲的。由于他的不熟练使他扣得非常慢，这就有待于家长的训练。孩子磨蹭会有很多原因，只要父母找出原因针对处理，这些都是可以解决和克服的。